The Construction of
Video Content Evaluation Model
Based on the Big Data of Omnimedia

基于全媒体大数据的
视频内容评估模型建构

吴殿义 著

清华大学出版社
北京

图书在版编目（CIP）数据

基于全媒体大数据的视频内容评估模型建构 / 吴殿义著. —北京： 清华大学出版社，2020.4

ISBN 978-7-302-53368-9

Ⅰ. ①基…　Ⅱ. ①吴…　Ⅲ. ①视频编辑软件－数据处理－研究　Ⅳ. ①TP317.53

中国版本图书馆 CIP 数据核字(2019)第 168342 号

责任编辑：纪海虹
封面设计：甘　玮
责任校对：王凤芝
责任印制：杨　艳

出版发行：清华大学出版社
　　　　网　　　址：http://www.tup.com.cn，http://www.wqbook.com
　　　　地　　　址：北京清华大学学研大厦 A 座　邮　　编：100084
　　　　社 总 机：010-62770175　　邮　　购：010-62786544
　　　　投稿与读者服务：010-62776969，c-service@tup.tsinghua.edu.cn
　　　　质量反馈：010-62772015，zhiliang@tup.tsinghua.edu.cn
印 装 者：三河市吉祥印务有限公司
经　　销：全国新华书店
开　　本：165mm×240mm　　**印　张**：9.75　**字　数**：159 千字
版　　次：2020 年 4 月第 1 版　　　　　　　**印　次**：2020 年 4 月第 1 次印刷
定　　价：58.00 元

产品编号：078208-01

目　录

绪　论

第一节　研究缘起与背景

本书的核心主题是对基于大数据的全媒体内容评估理论及其模型建构的探索。之所以建立这样的研究核心主题，是因为长久以来笔者一直关注媒介产业，尤其是内容产业及各个产业链环节的发展。随着内容市场的发展，生产的无限化及需求的个性化不能顺畅对接，急需一个与内容产业相适配的交易系统。

黄升民教授于 2008 年提出内容银行概念，并与业内的相关机构进行合作，逐渐形成了丰富、完善的理论体系，并以科研项目的形式将这一理论体系进行了落地，建设完成了内容银行交易平台及评估系统。笔者亦参与其中的指数建设、开发等工作，在这一过程中逐渐发现了当前业界在内容评估上的缺失，并对大数据的具体运用、大数据与内容评估的结合有一定的思考与积累。

一、内容市场的变化

当前，内容产业不再是封闭的、单向度的，开放、共享共建、多边合作已经成为内容生产、传输、分发、交易中的普遍现象，此时，必须彻底改变内容产业的流程和运作模式，建立透明的交易系统。

针对于此，上海 SMG、陕文投、北京东方雍和等都做了相关的尝试，包括渐次出现的版权银行、在线素材交易平台等产品。

在内容评估方面，伴随用户行为的多屏化、碎片化，传统的收视率调研已经不能适应制播方的需求而逐渐开始与新媒体融合，例如，索福瑞推出的微博收视率等；而基于数字载体的各类内容评估指数产品也越来越多，如视频网站推出的自有指数，酷云互动基于数字电视、互联网电视推出的大数据评估产品，尼尔森网联基于海量数据的收视率等。

二、学界的探索

学界对于如何评估内容价值一向非常关注，从 20 世纪八九十年代中国开始启动收视率调查开始，学界对收视率的研究就从未停止。

而在海外，影视产业发达，在影视内容评估方面走在前沿，如收视率、电影评估等都起源于美国、英国等。同时，海外传播学界对此的研究也在不断进行。

近几年来，伴随着互联网、移动互联网等新媒体的兴起，学界对于视频内容在多个渠道的传播链条、多屏之间的用户行为等均有相关的论述。此外，伴随着大数据这一概念的浮现，学界亦开始思考大数据对传统评估方式的影响和借鉴，以及在大数据背景下，如何更加全面、综合地评估内容价值。

三、长期的追踪性研究为本研究提供了支撑

中国传媒大学广告学院媒介研究所在媒体产业化、平台化的研究上具有较为深厚的研究基础，继2005 年提出"信息平台"之后，在 2008 年提出了"内容银行"的概念，并在此基础上开始了理论体系与产业实践两个方面的研究。在 2009—2011 年，"内容银行"的科研团队，通过对国内外众多知名媒体机构、内容机构、营销机构的实地调研，创造性地借鉴银行的评估、交易、数据库建设和管理思路，完成了内容银行核心理论体系的建构。从 2012 年至今，该团队启动了内容银行系统开发工作，将理论研究推向系统实践阶段。这一系统中，我们选择内容评估作为切入点进行研发和理论建设。

与此同时，业界大视频的趋势愈加明显，视频内容行业的海量渠道、海量需求的现状也在对内容评估提出新的要求。在龙思薇博士的论文《内容银行内容价值评估体系的方法研究》中，初步提出了一套内容银行架构下的内容评估体系。

承接前人的研究基础，笔者深入参与了内容银行评估体系的实际技术开发，在历时两年的开发工作中，实际接触到了具体的数据采集、存储、挖掘、展现等全流程，与业界、学界的各方人士进行了较多的沟通，为本书的研究提供了强大支撑。

第二节　前人研究与文献综述

一、内容评估方面的研究

在中国,学界就内容评估体系的概念、构成、指标量化及计算方法、运作程序等问题进行了较多研究。

（一）对于内容评估内涵方面的研究

"内容",指事物所包含的实质性事物,其有三层含义:(1)物件里面所包容的东西;(2)事物内部所含的实质或意义;(3)哲学名词,指事物内在因素的总和,与"形式"相对。而本书的研究对象是视频内容,也就是指以视频形式表现出的各类内容。

"评估",《现代汉语大辞典》给出的解释是"评价和估量"。针对不同的对象,有不同的评价、估量方式。

由于内容的含义广泛,所以对不同类型的内容评估方式各有不同,如版权评估、专利评估等都可列入内容评估中,因此,在前人的论文中,尚未出现对于内容评估一词的明确定义。但对于视频内容评估,则有相关的概念定义。

在中国,目前针对视频内容评估的研究主要是围绕着电视节目所进行的。之所以如此,是由于在视频内容领域电视是最早、最大的终端,在数字技术之前,电视台节目的制作、播出一直都是视频内容领域的主要研究对象。

陈英与刘自高认为"节目评估体系是对节目运作全过程的评估,包括播前评估、播后评估和播中监测"[①]。这是从节目的播出方——电视台及视频网站的角度进行考量的。由于播出方需要投入大量资本进行内容的制作、采购,同时,传统上电视台、视频网站又直接面对观众,因此从播出方的立场进行节目评估的划分有一定的合理性。

在《电视节目评估体系解析——模式、动向与思考》中,刘燕南将节目评估分为节目质量评估和节目传播效果评估两部分,而节目传播效果评估又可以进一步分为预测性的播前评估和测量反馈的播后评估。这两种评估都会涉及对节目质量的评价,尤其在播前评估中,必然要对节目中的某些要素进

---

① 刘桦.基于"三维"视角的中国电视节目评估指标体系研究[硕士学位论文].湖南大学,2010,5.

行评估和测量;而播后评估则主要是将节目作为一个整体进行传播效果评价。[①] 在电视台的评估体系中,播后效果评估占大多数,对于播前的预测少有涉及。

郑兴东在收视率的基础上,探查了节目的相关要素(类型、播出的频道、时段等)对节目表现的影响;张君昌在《广播电视节目评估概论》中,对广播电视节目评估进行了系统的阐述;杨绮与张瑞华则对收视率、满意度进行了重点讨论。

在《中国内地广播电视节目评价指标体系研究——历史、现状与发展》中,柯惠新指出:节目本身涵盖了多种元素、多种变量,且具有丰富的层次,而节目的整个制播流程环节复杂,流程漫长,变量众多。因此,将节目作为对象进行评估,需要考虑这种特性,设定综合性的指标体系实现全方位的评估才能够准确反映、评判节目的客观情况。以此为标准审视国内的电视节目评价体系,会发现当前问题众多:首先,概念不清晰,包括对满意度、美誉度等的厘定;其次,多种不同指标如何进行统一也悬而未决。在实际的内容评估环节,相关机构的专业化问题、社会化问题,也需要在实践中给予评价。

(二)电视节目评估指标体系的研究

在具体的内容评估指标体系方面,业界的实践中收视率占据了评估指标的大半壁江山,而在学界,学者们针对这一现象进行了较多的分析探讨,他们一致认为,收视率不能全面衡量内容价值,因而应该建立更加客观的评估体系。

中国传媒大学柯惠新教授认为,考虑到内容产业不同环节的评估需求,节目评估应该由主体评估、客观评估和综合评估3个层次组成。具体的指标应该包括量化的收视率、满意度、定制化的专家评议和节目自身的成本4个方面。

在《电视节目评估:从量化分析走向质的研究》中,郑欣指出,单纯追求收视率是不全面、不客观的,电视节目应该将观众满意度纳入评估体系中,在评估中需要在量化分析之上加入质化研究。[②]

刘燕南在《电视节目评估体系解析》一文中,界定、归纳了中国电视节目评估的概念并梳理了主要的评估模式,比较了当时各个电视台的评估体系,

---

① 刘燕南. 电视节目评估体系解析——模式、动向与思考. 现代传播,中国传媒大学学报,2011(1): 45～49.
② 郑欣. 电视节目评估:从量化分析走向质的研究. 南京师大学报(社会科学版),2008(4):45～51.

提出了由主观评价指标、客观评价指标、成本效益三部分组成的体系。①

张海潮的《电视节目整合评估体系》是国内较早提出的基于电视节目生产运营全产业链流程的整合评估体系。该研究在总结国内外有关电视节目评估研究和应用成果的基础上,结合中国电视业的实际状况,构建出了一个新型的电视节目评估系统——电视节目整合评估体系。该评估体系根据电视节目生产运营中的设计—生产—播出—评估 4 个主要环节,设计出 24 个主、客观评估指标,通过一系列科学、严谨的评估方法和评估流程设置,使节目评估结果通过评估坐标图、综合评估指数、综合评估分析报告 3 个评估层次比较精确、清晰、完整地体现出来。②

该评估体系既集国内外百分制打分法、市场评价法、综合评价指数法等现有节目评估方法之长,又有自己的发展创新。比如,令评估结果一目了然的评估坐标图的设计,4 个节目运营主要环节中 24 个有关节目生产、播出和市场效果评估指标的全流程评估安排。

在构建电视节目整合评估体系的目标和指导原则的前提下,该作者设定了评估体系的整体结构框架和主要的评估环节。

在整体结构框架方面,该作者所构建的新型节目评估体系是由指针系统、评估系统、实施系统 3 个部分构成。其中,指针系统由评估指标、数据采集、计算方法 3 个部分组成,是电视节目整合评估系统的基础部分;评估系统由坐标图、综合指数、综合分析报告 3 个部分组成,是电视节目整合评估系统的核心部分;实施系统由相关设定和评估流程两个部分组成,是电视节目评估体系的执行部分。

在评估环节方面,该作者也构建了"电视节目设计评估""电视节目制作评估""电视节目播出评估"和"电视节目效果评估"4 个部分。其中,电视节目设计评估主要是对节目是否选择了合适的题材、节目形态是否具有新颖性、其目标观众的状况如何进行考察;电视节目制作评估主要考虑的是在节目完成设计之后,制作者对主持人、演员的选择、电视表现手段、视觉和听觉效果应用等影响节目效果的电视表现手段的运用情况;电视节目播出评估主要评估检测的是播出平台对节目市场效果的影响;电视节目效果评估环节主要测

① 刘燕南.电视节目评估体系解析——模式、动向与思考.现代传播,中国传媒大学学报,2011(1):45~49.
② 张海潮.电视节目整合评估体系.北京:中国传媒大学出版社,2009.

评考量的是节目的受众数量、质量,节目的投入、产出以及节目的发展潜力等情况。

在实施系统层面,该作者首先对评估小组成员的构成提出了意见。他认为,节目主创人员必须参与进节目评估小组,身份可以是制片人和栏目主编,也可以是主管领导,而且规定了其所占评估小组的人员比例。其次,还对被评估节目的相关资料、客观指标评估实施方法、主观指标评估实施方法以及其他考虑因素进行了阐述,并对评估流程的具体步骤进行了设定。

这几位学者在内容评估方面的研究是具有代表性的。我们可以看到,他们一致认为对于内容评估仅仅靠量化数据不能做到全面、客观和公平,因而应该考虑内容本身及制播流程的特殊性,设计综合性的指标和评估体系。

(三)新媒体环境下内容评估的研究

随着新媒体的发展,内容从单一播出平台扩展到电视、PC、手机等多个播放终端,观众可通过多种渠道接触内容,因此,传统的收视率调研已经不能反映内容的真实情况了。在这样的背景下,学界对媒体融合环境下的电视节目评估也做了诸多探索。

中国传媒大学广告学院丁俊杰教授在《视网融合背景下的电视节目影响力评估体系创新初探》中认为,新的媒介形态是在三网融合推动下诞生的,同时,三网融合也促进了媒体经营业务层面的融合,包括营销模式、内容等。丁俊杰指出,这对传统电视节目评估体系提出了巨大挑战,尤其是收视率。评估的来源由电视端转变为多种新渠道和终端,而同时,评估主体不再仅仅是电视观众了,网民也必须受到重视。[1]

样本量少,因而分析深度不足,难以形成对节目的全面判断。不能全面反映内容质量,这是传统收视率的重大缺陷,尤其在新媒体时代,这一缺陷尤为明显。北京大学新闻传播学院教授陆地在《电视节目评估体系的创建与创新》中指出了这一不足,同时提出了中国电视满意度博雅榜评估体系,希望建构一个内容全网数据评估系统。[2]

还有部分学者试图在电视节目评估体系中纳入新媒体元素,对节目新媒体特征的某一方面进行评估。李岭涛、黄宝书在《网络影响力:中国电视的新

---

[1] 丁俊杰,张树庭,李末柠.视网融合背景下的电视节目影响力评估体系创新初探.现代传播,中国传媒大学学报,2010(11):99~102.

[2] 陆地.电视节目评估体系的创建与创新.南方电视学刊,2013(1):19~22.

型评价体系》一文中,主要从网络影响力的视角重新对电视媒体的影响力进行整体评价,其中主要包括 3 个指标:网络知名度、网络被关注度、网络收视度。①

张树庭在《视网融合时代的电视节目评估》中,以视网融合背景下的电视媒体新生态为背景进行切入,对电视媒体与网络视频媒体的竞合关系、扩张路径进行了剖析,呈现出"竞合"融合是网络媒体与电视媒体两者关系的主流趋势。即为了应对来自网络视频的冲击,电视媒体应在继续固守大众市场、做强传统平台、提升自身竞争力外,积极推行多元化策略,取道网络新媒体平台,通过内容优势整合媒体资源,主动实现与网络视频的互相融合,在竞合中实现电视与网络化的生存与突破。与此同时,受众的网络收视行为日趋增多,网络讨论日益活跃,在个人博客、社区论坛中,网民对电视节目的讨论表现得十分活跃,各电视台的网络宣传工作也开始利用网络平台积极造势。因而,"唯收视率"的评价标准备受质疑,于是,该作者提出了电视节目网络人气指数体系(IPI)。"所谓电视节目网络人气评估体系,是对电视节目网络舆论状况的评估,以此考量电视节目在网络上的影响力。它既是电视节目自身影响力的一种体现,同时又具有延伸性,可通过网络舆论的传播对电视节目本身的收视率提升乃至品牌塑造产生影响。电视节目网络人气评估不仅表现为人气量级上的高低评估,同时,通过对网民讨论内容的分析,实现对网民态度和观点的甄别分析"②。

具体到指标构成方面,电视节目网络人气指数体系(IPI)包括电视频道网络人气指数、电视栏目网络人气指数、电视剧网络人气指数、主持人网络人气指数以及舆论话题网络人气指数这 5 个单体指数。其中每个单体指数均由网络关注度和网络评价度构成,并涵盖新闻、论坛、博客、视频、Wiki 等多种载体。网络关注度包括媒体关注度和网民关注度两个方面,并细分为参与度与波及度两个指标;网络评价度包括媒体评价度和网民评价度两个方面,其下又细分出多个源生指标和派生指标。

此外,该研究阐述了电视节目网络人气指数体系(IPI)的信源渠道选择和基于信源渠道的信源抓取、数据甄别及指数计算的操作流程。

① 李岭涛,黄宝书.网络影响力:中国电视的新型评价体系.现代传播:中国传媒大学学报,2008(3):127~130.
② 张树庭主编.视网融合时代的电视节目评估——中国电视网络人气指数体系理论、模型与应用.北京:中国广播电视出版社,2012,20~21.

总体来说,收视率这种单一数据已经无法满足内容在新媒体环境下的发展需求,不能为内容发展提供持续的动力,而新的、科学有效的评价体系亟须被提出,以促进内容产业的发展。

目前众多研究者已经指出了这种弊端和建立新评价体系的必要性,但缺乏对整个内容评估产品发展的历史性梳理。同时,他们所提出的新的研究模型主要集中于某一种新媒体特征,并不能全面采集多终端、多平台的数据进行建模。并且,这些研究大多数是定性的阐述,缺少实际数据的支持,相关数据分析较少,未能将新的评估模型与新的大数据的技术相结合,总体上略显薄弱。

此外,这些论述多停留在理论层面,并未进行实操,也因此很难预见到实际操作过程中可能遇到的问题,并给出具体的指导方向。

(四)对本研究中的视频内容评估进行界定

从上文的整理可以看出,目前,对于视频内容评估有一定的研究和界定,但这种界定尚停留在以播出方,尤其以电视台为中心考量的阶段,未将更多的视频产业链条纳入其中,这与当前视频产业发展的现状有所脱节。

在内容一词的定义中,内容指"事物内在因素的总和",对于任何内容而言,其内在因素确实影响其外在的形式和作为商品的价值。在视频内容产业中,诸如内容生产方、播出平台等亦会衡量视频内容各种内在因素的价值,进而判断内容本身的价值。结合前人研究中对节目评估的定义,笔者拟对本文的研究对象——"视频内容评估"作如下界定。

本研究中的视频内容是指以视频为表现形态的成熟的内容产品,其包括电视剧、综艺节目、电影、动画等。对于视频新闻、微电影、网友上传的短视频等视频内容,其在影视内容中体量较小,生产传播方式尚不成熟,不列入本研究的研究对象中。

由于视频内容的生产需要调动各类因素,而各类因素都对视频内容最终的价值产生影响,因此,视频内容评估必须要将各类影响其价值的因素考虑在内,包括导演、编剧、演员(主持人)等。若将视频内容视为一种商品,其生命周期包含了策划、投资、制作、采购、播出、播后等多个环节,每一环节牵扯不同的产业链条,不同链条又都有评估的需求,因此,视频内容评估又可以再划分为剧本评估、投资评估、播前预测、播中监测、播后评估等多个细分环节。

本书以此界定为基础进行研究,拟构建一种基于全媒体大数据的视频内容评估模型。

二、大数据的相关研究

由于本书是基于大数据的内容评估模型建构的,因此,梳理大数据这一概念的发展以及大数据的数据特征是文献整理的重要工作。

在传统的视频内容评估体系中,受制于技术以及数据处理手段的限制,一般都为播后评估,所以对于与"收视"相关的数据监测、指标选择等成为评估体系中的重点。但是,伴随着大数据技术与理念的出现、发展、成熟,在视频内容评估时可用的数据、数据获取的方式方法、数据处理的体系等方面都获得了全面的突破,所以传统视频内容评估体系不可避免地受到了一定的挑战。笔者在本书中亦是试图提出一种基于大数据的视频内容评估模型,因此,有必要对大数据进行界定。

(一) 对大数据概念和特点的研究

首先,数据分析是一直存在于各行各业当中的。经济规划、气象预测、物理学、基因工程等各个高科技门类都在应用大规模的计算分析。而伴随着信息技术的发展和应用,大数据这一概念被提出。

互联网、移动互联网、物联网都在飞速发展,人们几乎无时无刻不在贡献数据。据 IDC 估计,到 2020 年,人类社会将出现 500 亿个物联网传感器。在这样的背景下,数据的样态与此前发生了深刻的变革,无论规模、种类都大幅上涨,尤其是网页、图片及音视频等半结构化、非结构化数据在数据中占据越来越重的份额。数据量的增长态势也非常迅猛,据 MGI(麦肯锡研究院)预测,从 2009—2020 年,每年产生的速度量将增长 44 倍,达到 35ZB 的规模。而与此同时,数据存储、处理的成本和门槛都在下降。[①] 与 30 年前相比,数据存储的成本降低了百万倍,而诸如云计算、Hadoop、mapreduce 等技术的出现,使得大规模数据处理不再是高端行业的独有,而能够被各行业广泛应用。原本难于被处理的非结构化、半结构化数据,可以通过专门的数据库结构进行存储和处理。谷歌等企业在数据分析方面的应用,也使得大数据这一概念越来越进入业界、学界的视野中。

在 2008 年 9 月和 2011 年,《自然》和《科学》杂志分别推出了大数据的专刊,讲述了大数据在未来研究中可能的突破,并总结了数据在多个学科中愈发重要的作用。

---

① 刘小刚.国外大数据产业的发展及启示.金融经济,2013(9):224~226.

麦肯锡的大数据相关报告《下一个创新、竞争和生产力的前沿领域》发布于 2011 年 6 月份,其在报告中阐述了数据挖掘的可能方法和潜在价值。

在 2012 年的达沃斯论坛上,《BigData,BigImpact》报告被发布。报告提出,数据将成为一种经济资产。

至今为止,关于大数据的具体界定尚没有出现广为业界和学界接受的版本,目前关于大数据概念的界定有以下几种。

(1)麦肯锡:大数据是指其大小超出了典型数据库软件的采集、储存、管理和分析等能力的数据集。[1]

(2)维基百科:无法在一定时间内用常规软件工具对其内容进行抓取、管理和处理的大量而复杂的数据集合。[2]

(3)Gartner:体量大、快速和多样化的信息资产,需用高效率和创新型的信息技术加以处理,以提高作出决策和优化流程的能力。[3]

(4)Forrester:大数据本质在于"数据存储、处理和访问的流程与业务目标的集成"。

比较而言,后两者对大数据的定义更加具有普世性,不局限于数据本身,而是将整个数据流程囊括其中,提出数据的价值既来源于数据的"大量",同时也得益于对数据处理分析方面的新的方法和工具。在这些概念的基础上,Teradata 从数据规模、数据种类等层面更加直观地描绘出了大数据是如何从传统数据演进而来的。

总体而言,上述概念都提到了大数据的几个重要特征:体量大、复杂、难以由传统的数据库软件所处理,对数据处理流程提出了新的要求。

IBM 于 2010 年提出了大数据的 4V 特征:海量的数据规模(Volume)、快速的数据流转和动态的数据体系(Velocity)、多样的数据类型(Variety)和巨大的数据价值(Value)。如笔者所述,内容评估体系的发展与数据密切相关,而数据的海量、动态、多样性和巨大价值均对视频内容评估体系提出了挑战,同时,也为评估体系的发展提供了现实基础。

由于数据量增大,不需要在少量样本数据这一镣铐的捆绑下去建构视频内容评估模型,而是可以拿到尽可能全面的数据。多样的数据类型和动态的

---

① 周云倩.大数据时代的电视变局与因应之道.中国电视,2013(9):90~93.
② 仇筠茜,陈昌凤.大数据思维下的新闻业创新——英美新闻业的数据化探索.中国广播电视学刊,2013(7):12~14.
③ 袁冰.大数据行业应用现状与发展趋势分析. http://www.docin.com/p-1244164116.html.

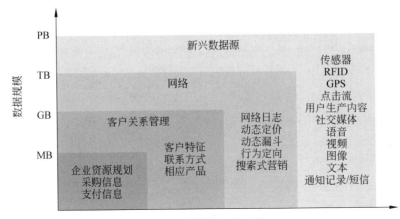

来源：Teradata、BCG

数据体系,意味着传统的视频内容评估数据流程要发生变化。大数据背后蕴含的巨大的数据价值,辅以合理的模型,将能够为视频内容产业带来推动力。

（二）大数据在视频内容评估领域的应用研究

目前传媒领域对于大数据的应用日益增加,在这方面,也有多方研究。

在数据堂发布的《大数据产业调研及分析报告》中,对国内外的大数据产业发展链条和情况进行了整理,为本文在大数据产业方面的分析奠定了基础。

在《大数据时代对于传媒业意味着什么?》一文中,官建文认为,"大数据不只是一个概念,实际上是对一种社会状态的描述。谁拥有数据、掌握数据、主导数据并加以整合应用,谁就在社会中占据着重要地位"[①]。

潘洪涛在《大数据背景下收视评估体系再思考》中提出,在新媒体和大数据环境中,能够采集的用户数据几乎是用户的总体数据,而非传统收视率调研的样本数据,这需要在统计学理论上作出一定的修正。总体数据的获得,可以克服统计学样本无偏、正态的前提假设,但是需要有更为高效的大数据处理方法。同时他还指出,虽然大数据为我们描绘出重构收视评估体系的美好蓝图,但是在目前情况下还有一些问题亟待解决,比如,家庭用户数据和个人用户数据整合问题、收视指标颗粒度大小问题等。

对于大数据应用于视频内容评估,有较多的研究集中在利用数字电视的

---

① 官建文.大数据时代对于传媒业意味着什么?.新闻战线,2013(2):18～22

双向网络特点改良传统的基于小样本的收视率调研技术,实现基于大数据的收视率调查。例如,在《大数据时代的电视收视调查与跨屏收视研究》中,尹培培、周文檠认为,在数字电视终端上,可以实现基于双向网络、海量样本回路技术的收视调查。这种调查方式收视结果精准,虽然目前并未建立起全国性的监测网络,但会快速发展成为将来的主流技术。同时,提出新型收视调查应将电视收视与新媒体收视结合起来实现跨屏收视调查,结合大数据技术,构建起基于多屏、跨屏、多维度的大数据收视监测网络。陈嘉等在《IPTV大数据收视分析优势》中同样提出,IPTV 因其双向互动的特性,可以做到全样本的收视行为采集,再借助大数据技术优势,所作出的分析结果更客观、更及时、更精细、更准确。

郑宇在《大数据与小数据的融合共生——节目生产、营销与评估的一种新思路》中,从数据来源、工具、目标、时效、方法等层面比较了大数据和小数据在内容评估以及营销等多个领域的优劣,提出大数据的短处在于被动呈现,缺乏引导性,而小数据对个体心理情感的主动测试恰好能够予以弥补;小数据的短处在于微观瞬间呈现但缺乏代表性,而大数据宏观、巨量,可实现一定时期的追踪统计,正好能够补充这一短处。这充分显示,大数据和小数据之间具有很强的互补功能,无论是从定制生产到优化生产、从精确营销到情感营销、从全面收视到真实收视、从呈现"喜欢看什么"到解释"为什么喜欢看",都体现了大数据与小数据交融共生、相辅相成的生态逻辑。

总体上看,目前对于大数据在视频内容评估中的研究,学者们都一致认为大数据的海量性能够修补传统收视率小样本的不足,并提出了基于数字电视终端双向性的新的电视收视测量方案,亦指出了在大数据环境下对不同屏幕的数据进行融合需要解决的问题。而郑宇所提出的大数据与小数据互补理念,也为本研究中模型的建构提供了启发。

(三)对大数据相关技术的研究

在笔者所建构的基于大数据的内容评估中,必然要使用大数据的相关处理技术,因此,有必要对技术方面的研究进行梳理,为实践提供参考和借鉴。

在大数据处理中,涵盖的技术主要包括数据存储、数据分析和可视化等。在数据存储方面,大数据的一大特点就是类型复杂,既有结构化数据,也有大量的半结构化、非结构化数据,对这些数据的存储,目前业界多采用 NoSQL(非关系)数据库。

单旭在《异构大数据存储方法研究》中,从总体上对关系数据库和非关系数据库的特点进行了对比,详细分析了关系数据库的优缺点及在大数据环境下遇到的瓶颈,深入研究了非关系数据库的架构、理论、特征及存储模型,阐述了其相比于关系数据库所存在的优势。从存储成本、运算速度、对异构数据的适应性等多个方面综合来看,非关系数据库更加适用于以海量、异构为特征的大数据,这已经是业界和学界的共识。

在数据分析层面,大数据出现之前,数据挖掘就已经在各行业得到了广泛应用,并发展出了较多的成熟算法。目前,在大数据分析中所采用的技术仍然沿袭数据挖掘中的算法,因此,在这部分笔者主要对数据挖掘的相关技术和算法进行了考察。

刘刚在其《数据挖掘技术与分类算法研究》论文中,分析、总结了数据挖掘出现的技术背景,包括"数据库、Internet 等信息技术的发展;计算机性能的提高;人工智能、统计学等学科在数据分析中日益广泛的研究应用等"[①]。

在《浅谈数据挖掘理论》中,吕成哲等人指出,数据挖掘(DataMining)是从大量的、不完全的、有噪声的、模糊的、随机的数据中提取隐含在其中的、人们事先不知道的,但又是潜在有用的信息和知识的过程。[②] 在对数据挖掘进行概念归纳之后,又进一步提出,数据挖掘(DM)是知识发现的步骤之一,而知识发现又包括原始数据库、数据规范化、数据集成、数据挖掘、数据表示、结果验证等环节。

在数据挖掘领域,目前已经形成了多种成熟的细分算法,其主要包括聚类分析、数据分类、数据关联分析、预测等。

Matthew A. Russell 在其《社交网站的数据挖掘与分析》一书中,详细介绍了社交网站的数据特点,以及一些常用的数据挖掘和分析方法。[③]

方滨兴等人所著的《在线社交网络分析》则从在线社交网络的"结构与演化—群体与互动—信息与传播"3 个方面展开,系统、深入地阐述了在线社交网络分析中的基础理论、关键方法和技术等内容,并对目前数据挖掘领域常用算法的发展历程进行了初步的归纳和总结。[④]

---

① 刘刚.数据挖掘技术与分类算法研究.中国人民解放军信息工程大学.2004,8.
② 吕成哲,赵晓明,王起伟.浅谈数据挖掘理论.中国西部科技(学术版),2007(2):39～42.
③ Matthew A. Russell.社交网站的数据挖掘与分析.苏统华,魏通,赵逸雪译.北京:机械工业出版社,2015.
④ 方滨兴.在线社交网络分析.北京:电子工业出版社,2014.

　　从算法角度,李文波等翻译的《数据挖掘十大算法》总结了数据挖掘当前最为重要的 10 种算法,包括支持向量机、Page Rank、K-最近邻等,针对每一种算法总结了其特性、实现方式和相关的应用场景。[①]

　　针对当前数据结构的复杂化,李巍在其论文《半结构化数据挖掘若干问题研究》中指出,由于与结构化数据的编码方式不同,传统的数据挖掘算法不能很好地适用于包括 XML 文档、异构数据等在内的半结构化数据,必须要对算法进行适当的修改和调整,提出了在聚类算法、动态频繁模式等方面的压缩链算法。[②]

　　在数据挖掘的应用层面,徐国虎等人在《基于大数据的线上线下电商用户数据挖掘研究》中,从电商平台的平台、用户、商户 3 个层面分析了电商数据挖掘的应用问题,探讨了针对电商数据挖掘需求的数据挖掘流程和主要的数据挖掘方法。[③]

　　由于累积了大量的用户账号信息、舆论数据、关系链等,社交网络数据挖掘几乎被应用在各个领域中。廉捷在《基于用户特征的社交网络数据挖掘研究》中,研究了社交网络中的用户关系链特征,以及基于社交网络数据的用户推荐算法和基于机器学习的信息预测方法。[④]

　　但目前对于数据挖掘的研究,大多从技术层面进行展开,或者是在一些较为传统的应用领域展开,如电商、客户管理、医疗等。基于传媒领域内容评估的数据挖掘尚少有人述及,但其他领域的数据挖掘应用为本研究提供了借鉴和参考。

（四）对于大数据存在的缺陷的研究

　　针对目前大数据存在的问题,也有相关的研究阐述。

　　李建中在《大数据的一个重要方面:数据可用性》中指出,大数据在可用性方面存在严重问题。国外权威机构的统计表明,美国企业信息系统中 1%～30% 的数据存在各种错误和误差,美国医疗信息系统中 13.6%～81% 的关键数据不完整或陈旧。国际著名科技咨询机构 Gartner 的调查显示,全

---

① 吴信东,库玛尔(Vipin Kumar).数据挖掘十大算法.李文波,吴素研译.北京:清华大学出版社,2013.
② 李巍.半结构化数据挖掘若干问题研究.吉林大学,2013.
③ 徐国虎,孙凌,许芳.基于大数据的线上线下电商用户数据挖掘研究.中南民族大学学报(自然科学版),2013(2):100～105.
④ 廉捷.基于用户特征的社交网络数据挖掘研究.北京交通大学,2014.

球财富 1000 强企业中超过 25％的企业信息系统中的数据不正确或不准确。随着大数据的不断增长，数据可用性问题将日趋严重，也必将导致源于数据的知识和决策的严重错误。①

周艳于 2014 年发表的《媒体大数据运营的四维空间》，分析了大数据在传媒领域的应用情况，并指出了大数据存在的多种问题，包括海量信息中的有效信息识别成本高、过于重视大数据而进入无视小数据的误区、对大数据技术分析不够深入、数据开放性仍然有较大不足等。②

刘德寰在《大数据的风险和现存问题》中提出了大数据的两个关键问题：其一，数据量的大幅增加会造成结果的不准确，一些错误的数据会混进数据库，此外，大数据的另外一层定义——多样性，即来源不同的各种信息混杂在一起会加大数据的混乱程度，巨量数据集和细颗粒度的测量会导致出现"错误发现"的风险增大；其二，虽然开放是大数据的题中之意，但也是中国政府、企业在大数据时代必须适应的转变。而我们目前面临的情况仍然是一个平台一个数据，数据壁垒造成的局面是：有所有数据，同时又什么数据都缺。

同时，他还指出："没有抽样的拟合，直接面对大数据，将使我们失去对人的了解、对真实规律的追寻，毕竟不是所有的社会事实都像一场流感一样易于预测，况且，即便是谷歌被广为赞誉的流感预测案例也被认为存在问题：在与传统的流感监测数据比较之后，根据互联网流感搜索实时更新的 Google 流感趋势被发现明显高估了流感峰值水平。"

总体上，这 3 位学者提出的问题代表了当前学界对大数据目前所存问题的共识：无效信息多、数据封闭现象严重、忽视大数据与小数据的结合、当前对大数据分析挖掘的技术仍然有较大上升空间等。

三、全媒体的相关研究

（一）全媒体的概念阐述

在新技术的推动下媒体形式不断变化，新的媒体形态不断涌现，并在内容、功能等层〖互相进入、融合。在这样的背景下，媒体的概念被丰富和扩

---

① 李建中，刘显敏.大数据的一个重要方面：数据可用性.计算机研究与发展，2013，50(6)：1147～1162.

② 周艳，吴殿义.媒体大数据运营的四维空间.广告大观(媒介版)，2014(8)：29～34.

大,因而需要一个意义更广阔的词语去形容传媒领域的新格局。而诸如人民网的"两会"全媒体传播指数、春晚全媒体指数等的不断推出,亦表明全媒体已经在被业界不断应用。

"全媒体"作为一种学术概念,在学界也逐渐受到关注。目前对于全媒体的概念界定有3种方向。

(1) 报道体系说。该学说认为,"全媒体"是指一种业务运作的整体模式与策略,或者说是采用多种媒体手段和传播平台来构建的报道系统。这种报道不再是单一落点、单一形态和单一平台的,而是在多个传播平台上开展的多个落点、多种形态的报道体系。传统的报纸、广播、电视媒体及网络新媒体都是这个报道系统的整体组成部分。[1] 这一概念从新闻业务本体出发,落脚点放在全媒体形态的报道体系上,较好地概括了全媒体报道的模式和特征,但将其限定在媒体"报道"业务层面,略显褊狭。

(2) 传播形态说。该学说认为"全媒体"是综合运用多种表现符号,如文字、图像、声音、光线等,全方位、立体化地展示传播内容,并通过多种传播手段传输的一种新型传播形态。[2] 或者说,全媒体是在传统和新兴媒体表现手段基础上进行不同媒介形态之间的融合,进而产生质变后形成的一种新的传播形态。[3] 从本质上说,"全媒体"是指不同媒介类型之间的嫁接、转化和融合。其基本内涵主要表现在以下方面:信息资源的多渠道采集、信息资源的统一加工、全方位多业务系统的支持、多渠道的资源共享。[4] 此概念将全媒体视为不同于以往的新型传播形态,强调了各种媒体间融合生产信息内容的立体传播状态,较全面地概括出了全媒体传播的形态特征。

(3) 整合运用说。该观点在综合前人认识的基础上,从两个方面进行界定。广义而言,"全媒体"概念是指对媒介形态、媒介生产和传播的整合性应用;狭义界定,是指立足于现代传媒技术和媒体融合的传播观念,综合运用新兴媒体与传统媒体在媒介内容生产、传播渠道联通、运营模式统筹等方面的整合性实践。[5] 这一观点突出了全媒体更具宏观性的"整合应用",将多因素囊括其中,但未清晰地概括出全媒体概念的内涵和外延。

---

[1] 彭兰.媒介融合方向下的四个关键变革.青年记者,2009(2):9.

[2] 刘小帅,张世福.3G时代:传媒价值链的重构.网络传播,2009(7).

[3] 罗鑫.什么是"全媒体".中国记者,2010(3).

[4] 郜书锴.全媒体:概念解析与理论重构.浙江传媒学院学报,2012(4).

[5] 姚君喜,刘春娟."全媒体"概念辨析.当代传播,2010(6).

在观照了全媒体概念学说之后发现,目前有几个共同点可作为界定和理解全媒体的要点:一是全媒体发展的主体是传统媒体,这是其面对新媒体而求生存发展的必由之路;二是发展整合多种媒介形态,而缺乏多种媒介形态间的统合协同,就构不成全媒体;三是实行多媒体分流传播,并根据媒体的不同分流生产出不同的媒体产品;四是作为一种新型的运行模式。

笔者认为,目前对于全媒体的概念,以传统媒体为出发点有其历史根源,但这种定义已经不能适配当下的媒体生态。目前,传统媒体正在面对新媒体的冲击谋求转型,与此同时,各类新媒体也在积极吸纳传统媒体的经营方式,总体上是双向融合的态势,全媒体的概念不仅适用于传统媒体,也可以为新媒体的经营布局提供借鉴。

(二)全媒体在内容评估中的应用研究

随着媒体格局的变化,内容渠道呈多元化,观众通过多种平台进行视频内容消费,因此,学界也开始研究全媒体对内容评估的影响,并探索建模。

徐琦在《构建全媒体电视节目评估体系》中提出,电视节目评估体系既是一种效果评价机制,也是一种激励和管理机制,更是一种导向机制。但评估体系要落到实处,离不开对传媒格局变化的准确洞察与积极回应。新媒体格局下,跨媒体、跨屏幕、社交化、互动化视频新业态发展迅猛,现行电视节目评估体系面临底层挑战。在这种情况下,徐琦提出了5个全媒体电视节目评估体系构建的主要原则:融合性、渐进性、科学性、系统性、开放性。

黎斌在《以全媒体收视指标推动电视媒体全媒体转型》中总结了央视在全媒体评估中进行的实践,并对央视建构的模型进行了整理和介绍。

早在2007年,互联网影响力就受到了中央电视台的关注,现在中央电视台发展研究中心产业新媒体部的前身——事业发展调研处就开始着手研究电视节目在互联网上的传播情况,并提出电视节目网络影响力的概念。到2012年,业界基本达成了"电视节目的网络影响力是收视率之外的一个重要指标"的共识。并且通过与行业内相关机构的合作,就具体的电视节目网络影响力的测量提出了"网络人气指数"这一成果,并最终确定了相关指标体系,即从网媒关注度、网民评议度、视频点击量、微博提及量这4个方面衡量电视节目的网络影响力(见表1);从网络传播的广度、深度、口碑、原创内容的二次传播效果、微博互动效应5个维度对中国电视节目在网络中的传播力与影响力进行综合考量。应该说,该体系不仅涵盖了当前网络空间上最主要的节目评价维度,更客观地反映了节目在不同网络平台上的传播模式与特征,从而比较全面、清晰、准确地反映了节目网络影响力的主要方面。

表1　电视节目网络影响力指标及监测范围

指标名称	指标解释	监测范围
网媒关注度	指与某一内容或某一机构（如中央电视台）等相关的新闻报道的总量，用于评价该内容或机构在互联网上的传播情况	互联网上主流的新闻资讯类网站2 000余家（搜狐、新浪、腾讯、网易、凤凰、人民、和讯等）
网民评议度	指相关信息在社区（包括论坛、博客、微博等）中被讨论的次数，用于反映社区中的传播情况	互联网上主流的论坛类网站1 000多家（百度贴吧、天涯社区、搜狐社区、新浪网论坛等）、博客类网站200多家（新浪博客、搜狐博客等）、微博网站2家（新浪、腾讯）
视频点击量	指某视频内容在视频网站被点击的次数总量	互联网上主流的14家视频类网站（新浪视频、搜狐视频、优酷、土豆、酷六、奇艺、腾讯视频、乐视网、激动网、凤凰视频、PPTV、电影网、天翼视讯、CNTV）
微博提及量	指与某一内容或某一机构（如中央电视台）等相关的信息在微博中被提及的次数，集中反映微博平台上内容的传播情况	两大主流微博网站（新浪微博、腾讯微博）

在具体应用方面，中央电视台将其运用在了新闻栏目和综艺栏目的评估对比中。其中，在新闻栏目方面，中央电视台将自办的所有新闻栏目和全国上星频道旗下的所有新闻栏目一起一共214档，按照网媒关注度、网民评议度、视频点击量、微博提及量4个维度的上榜量进行了指标对比；在综艺栏目方面，中央电视台也用同样的方法分析了全国上星频道的388档栏目。

同时，根据《2012年中央电视台电视节目网络影响力年度分析报告》显示的情况来看，该评估体系不仅可以运用于节目的评估，还可以运用于频道的评估。

但是，从评估的结果来看，目前该体系在量化评估方面还只限于4个维度上榜的是与否，最终统计上榜量这一个方面，总体而言还较为单纯，无法显示出程度的高低、态度的不同。同时，该系统数据源单一，且只对数值进行挖掘，分析维度不够全面，且只看重数据，而欠缺专业的、经验性的调研，有较多的不足之处。

（三）本研究中对全媒体概念的界定

本研究使用全媒体概念，主要是从数据来源的角度进行考量。由于当前对视频内容而言已经形成了"全媒体"的传播态势，观众既可以在多个屏幕、终端上进行观看，又会在各类社交平台进行讨论、分享，同时接触大量的相关报道，而这些数据本身都会为视频内容评估提供不同的分析维度。因此，笔者使用全媒体这一概念对"大数据"进行界定。

四、内容银行的前人研究

2004 年，赵子忠的博士论文《内容产业论》奠定了关于内容产业研究的基础，回答了内容怎么由作品变为商品、再由商品规模化变成产业化，内容如何发展成为一个独立的产业以及其内在动力的问题。

内容与网络的发展紧密相关，在 2007—2008 年，王薇、张豪的博士论文分别围绕家庭信息平台、个人信息平台的相关理论研究展开，从用户需求的角度去看新媒体，提出其实所有的新媒体核心不是技术问题、传输问题，而是需求的问题，各种新媒体都在努力满足家庭或个人的全方位需求，媒体从单一功能转变为综合性、多元化的信息平台。到了 2009 年，谷虹的博士论文《信息平台论》阐述了平台的价值。

2010 年，周滢的博士论文《内容平台——内容王国的再建构》对内容如何为王这一问题进行了深度解析。其核心观点是"随着信息需求的平台化以及信息传输的平台化，内容生产也必然从单极走向多元，融入一个开放的平台体系"。

既然网络是平台化的，内容产业也需要走向平台化，那么如何实现内容在平台上的交易就成为下一步要解决的问题。只有流动的、不断交易的货币化的内容，才能真正实现内容的价值，真正使内容成为开放的、平台化的产业。为了回答这一问题，黄升民借鉴金融系统的基础理论，创造性地提出了"内容银行"这一理论假设。

在内容银行的理论体系中他提出，需要构建一个多元、立体、开放、基于统一标准的内容交易平台。一方面，能够确立对内容的监管，做到内容安全；另一方面，能够激发机构和个人等创造者的生产能力。[①] 更重要的是，这一交易平台通过对内容的全面、客观评估，促使内容价值货币化，使内容能够真正流通起来，在流通中增值，形成完整意义上的内容产业。

在《内容银行：数字内容产业的核心》中总结了内容银行建设的必要性，包括网络融合带来的挑战、当前市场机制的不足，以及对银行业的借鉴作用，并对内容银行的概念进行了界定："内容银行是在媒体融合背景下，基于海量

---

① 王薇.走近内容银行——内容银行概念及规划.广告大观(媒介版)，2012(10)：30～33.

内容所建立起来的开放式的内容交易和管理的系统平台。通过建立统一的交易标准,搭建内容存储、支取、增值的机制与平台,加速内容交易、流通、自主增值,实现内容安全与高效管理,推动内容产业升级。"①

龙思薇在其博士论文《内容银行内容价值评估体系的方法研究》中探讨了内容产品本身价值的特殊性,归纳了银行业对商品进行评估的流程,并基于此,构建了一套内容价值评估体系的指数标准:"内容银行内容价值评估体系本身是一个综合的评估系统,由全媒体收视模块、用户调研和舆情模块、专家评估模块、全媒体传播力与舆情模块这四大模块构成。"②

周艳、龙思薇在2016年1月份的《内容银行的核心理念和特点》中对内容银行的定义进行了扩大和深化,提出:"内容银行是网络融合背景下,数字内容产业变革的必然选择,是一个基于海量内容所建立起来的开放式的内容交易和管理的系统平台,通过建立统一的交易标准,搭建内容存储、支取、增值的机制与平台,以云存储为基础,为媒体内容提供存储、展示、搜索、分析、评估、衍生、竞价、交易、管理、投融资等全功能服务,能加速内容交易、流通、增值,实现内容安全与高效管理,推动内容产业升级。"③

这个定义包含四个层次,其一,内容银行的建设背景及其必要性;其二,内容银行是一个系统平台;其三,内容银行如何构建,具有哪些功能;其四,内容银行对行业起到了怎样的推动作用。

龙思薇在《再论内容银行——内容交易模式探析》一文中,对当前内容市场上的四种主流交易模式进行了总结,提出:"在由粗放模式向精细化迈进的过程中,缺乏评估是当前内容交易市场最大的短板。"④

笔者正是在这一基础上进行内容价值评估体系的具体技术设计及实现。

第三节　视频内容评估产品的发展及现状

视频内容评估在内容产业中发挥着重要作用,为各个环节提供了数据支持,包括降低投资风险、提高生产效率、为内容交易提供统一标准等,因此,内容产业需要一个良好的内容评估产品。那么,视频内容产品的发展经历了哪些阶段,目前有哪些问题?

---

① 黄升民,周艳.内容银行:数字内容产业的核心.北京:清华大学出版社,2013.
② 龙思薇.内容银行内容价值评估体系的方法研究.北京:中国传媒大学,2014.
③ 周艳,龙思薇.内容银行的核心理念和特点.广告大观:媒介版,2016(2).
④ 龙思薇,周艳.再论内容银行——内容交易模式探析.广告大观(媒介版),2016(2).

在本节,笔者对国内视频内容评估产品的发展和现状进行了梳理,并总结了其发展规律和当前存在的问题。

一、内容评估产品发展的三个阶段

收视率,可以说是较早也被广为接受的视频内容评估方法,在电视为第一媒体的时代,收视率决定着频道的编排、节目的去留。统计方法是抽样调查,主要作用在于后置评估。由于电视传受双方行为是线性单向的,评估也只能采取这种方式进行。

随着包括数字电视、社交网站等数字媒体的出现,受众的行为出现了变化,除了单一地收看电视,在电视端的点播、回看,在互联网上的意见分享等越来越普遍,此时,对内容的评估也随之而变,出现了数字电视收视测量,以及基于用户互联网行为特征而对内容进行评估的产品。

与此同时,制播分离的趋势越发明显,市场力量进入、竞争的激烈化,促进了内容生产的工业化进程。内容生产、播出方的需求,刺激了类似美国电影、电视业中的前置评估产品的出现。

再往前走,移动互联网、互联网电视出现并普及,用户行为又更加碎片化,跨屏成为必须面对的现实。评估,又必须、且自然地再次顺应潮流向跨屏方向而去。而同时出现的大数据潮流,又给评估提供了新的技术工具。

纵观当前市场上与内容相关的数据产品,新旧共存,方法多元。收视率在电视独大的时代确实在一定程度上有助于衡量内容的受欢迎程度,而搜索引擎、社交网站、视频网站基于本站内用户的检索、讨论、点击行为数据所设计的指数,在新的传播环境中其实也在一定程度上反映了用户对内容的态度。对剧本、明星等的评判,则是从生产环节针对生产要素的衡量。多种内容评估数据产品,总体来讲都是围绕着内容制播、并正在为内容制播提供参考——笔者访谈过的媒体及制作公司都非常看重对各类数据产品的使用。

以此定义,内容评估可以分为 3 个阶段:首先,在电视时代的收视率产品基本以小样本的形式获取数据,以后置评估为主,并呈现出垄断的态势;其次,互联网出现后,社交、搜索、视频等网站基于用户的点击、评分推出各自的指数,不做商业运营,只是供用户使用和方便网站自身优化;最后,在新终端、新技术发展成熟后,电视屏幕的霸主地位被打破,逐渐出现了与此相适配的评估体系,对所谓"大"数据的应用较为熟练,评估对象更为多元,涉及的产业流程也更加宽泛(如图 1)。

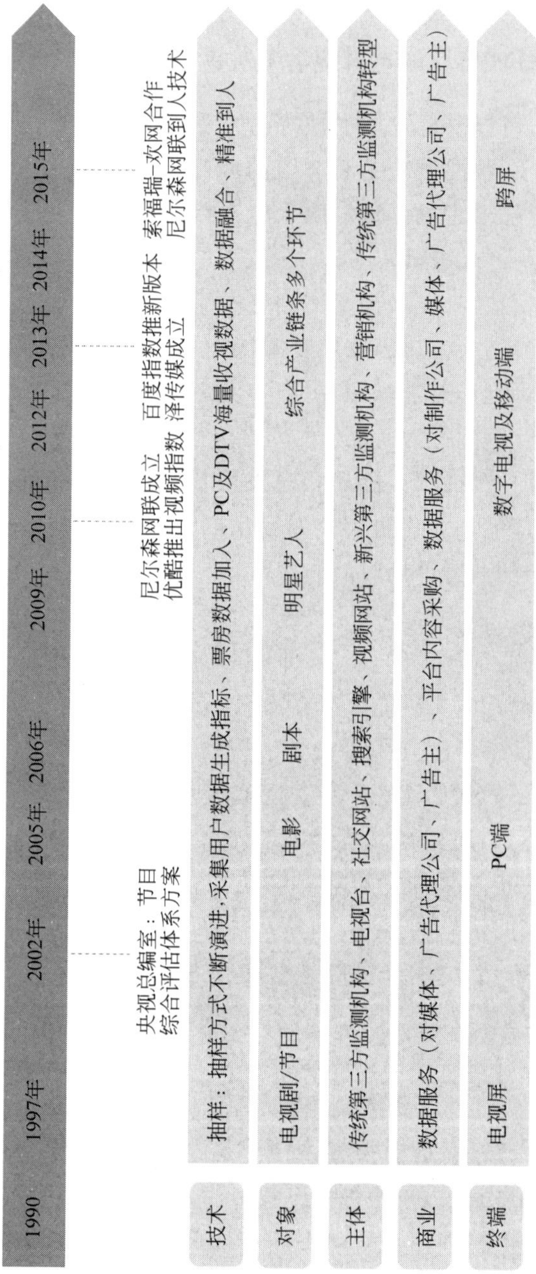
1990
1997年
2002年
2005年
2006年
2009年
2010年
2012年
2013年
2014年
2015年
索福瑞成立
豆瓣电影评分
百度推出指数
克顿传媒数据中心
酷云互动成立
艺恩咨询成立
新浪微博推出指数
搜狐视频指数
VLINK艺人指数
秒针系统视频监测
央视网络人气指数
索福瑞-微博收视率
微博指数推新版本
央视总编室：节目
综合评估体系方案
尼尔森网联成立
优酷推出视频指数
百度指数推新版本
泽传媒成立
索福瑞-欢网合作
尼尔森网联到人技术
技术
抽样：抽样方式不断演进,采集用户数据生成指标、票房数据加入、PC及DTV海量收视数据、数据融合、精准到人
对象
电视剧/节目
电影
剧本
明星艺人
综合产业链条多个环节
主体
传统第三方监测机构、电视台、社交网站、搜索引擎、视频网站、新兴第三方监测机构、营销机构、传统第三方监测机构转型
商业
数据服务（对媒体、广告代理公司、广告主）、平台内容采购、数据服务（对制作公司、媒体、广告代理公司、广告主）
终端
电视屏
PC端
数字电视及移动端
跨屏

图 1 内容评估产品发展历史

（一）电视一屏独大——数据从混杂到统一，技术缓慢演进

在中国，对受众的测量从 20 世纪 50 年代起就陆续进行了，但这并非出于商业目的，而是进行单项研究，所产生的数据在时间、空间上都不连续。从 90 年代开始，收视率调查才逐渐被广电所重视，并有商业机构开始运作。

以此为界，从 1996 年 CTR 与 TNS 合作成立 CSM，再到互联网——尤其是视频网站开始在中国遍地开花的 2005 年左右，中国的视频媒体格局一直是电视一屏独大。在这一时期的内容评估，收视率数据被奉为圭臬。虽然目前在传统收视率方面已经形成了 CSM 垄断的格局，但在早年间，中国的收视率调查一度鱼龙混杂，竞争激烈——1997 年前后，有百余家公司从事这一业务，包括 2009 年退出中国的尼尔森。

其间，电视媒体作为视频服务的主要提供者，同时也是视频内容的最主要生产者，基本形成了一种唯收视率的价值导向。虽然也有少数媒体结合互联网的发展提出相应的评估方案，如央视总编室在 2002 年建构了"节目综合评估体系"，但其象征意义远多于现实作用。

2004 年 11 月，中央电视台首部按照收视率确定购买价格的电视剧《龙票》在电视剧频道开播。据悉，"央视与《龙票》谈判的主要内容可以概括如下：以央视索福瑞的调查为准，3.5% 为基点，如果《龙票》的平均收视率为 3.5%，央视的购片价格为 45 万元；平均收视率超过 3.5%，那么每超过 0.5% 就在单集的基价上增加 1 万元，如果下降 0.5% 则倒扣 1 万元"。

不可否认，操作性强的收视率调查的引进，对于中国量化内容评估指标、促进内容质量和市场化功不可没。但是，以收视率为中心的评估所具有的缺陷也是相当明显的。

首先，收视率作为一种基于小样本的量化指标可以反映受众规模，但不能对节目进行客观、全面地评价，尤其无法反映受众的满意度，也无从体现节目的品牌价值。[①] 在"唯收视率论"的影响下，我们看到一些优秀的电视节目，比如，崔永元的《小崔说事》就被无辜淘汰了，并最终引发"三俗泛滥"问题。终于，在 2011 年 10 月 24 日，国家广电总局出台了《关于进一步加强电视上星综合频道节目管理的意见》，明确提出"三不"，即不得搞节目收视率排名，不得单纯以收视率搞末位淘汰制，不得单纯以收视率排名衡量播出机构和电视

---

① 陆地.中国电视节目的评估现状分析.新闻爱好者，2013(5)：36～39.

节目的优劣。[①]

其次,收视率数据的真实性存在质疑。由于相关机构处于垄断地位,收视率数据的采集分析都无有效监管,其可信度屡屡被质疑,[②]尤其是在广告利益驱使下,收视率造假现象时有出现。《人民日报》曾在 2010 年的时候,连续发表文章揭露收视率造假问题。

早期的收视率调查以日记卡为主,成本低,但准确度也不太理想。尼尔森以测量仪进入中国市场,间接促成了 CSM 升级其日记卡的测量手段,此后,测量仪的技术也有所演进,CSM 亦逐步构建了覆盖全国的收视率调查网络。

(二)终端数字化、评估产品多元化

随着互联网在中国的飞速发展,各类网站崭露头角,成为网民日常生活中非常重要的信息获取来源和交流平台。而这些网站也利用网民数据,开始推出各种类型的榜单类产品。其大概可以分为两类:一类是直接立足于影视剧,如豆瓣电影指数、优酷指数等,另一类如百度指数、微博指数则面向全网的各类对象,其中有影视剧组成部分(见表2)。

表 2 多元化的评估产品(不完全统计)

企业/网站	评估对象	评估产品	产品简介
豆瓣	影视内容	豆瓣星级	用户打分后,豆瓣网基于一定算法计算星级(据豆瓣 CEO 介绍为基于算术平均值)
百度	影视内容、娱乐人物、事件	百度指数	主要功能模块有:基于单个词的趋势研究(包含整体趋势、PC 趋势、移动趋势)、需求图谱、舆情管家、人群画像;基于行业的整体趋势、地域分布、人群属性、搜索时间特征[③]
新浪微博	影视内容、娱乐人物、事件	微博指数	查看某一关键词在一定时间内的整体趋势、PC、移动趋势,在短时间内(1 小时及 24 小时)的实时趋势,以及对相关受众的地域、属性解读(属性包括性别、星座、年龄、标签)

---

① 冷凇,张丽平.高收视节目背后的悲剧意识——兼谈伦理边界.南方电视学刊,2012(2):63~65.
② “唯收视率论”人人喊打电视节目该如何评价.中国广播,2012(4):80.
③ 邓爱民,王瑞娟.基于百度指数的旅游目的地关注度研究——以武汉市为例.珞珈管理评论,2014(2).

续表

企业/ 网站	评估对象	评估产品	产品简介
优酷	影视内容	中国网络视频指数	分析视频播放周期、用户核心特征(性别、年龄、职业学历、地域)、用户播放行为(使用设备、观看网站、拖拽及互动等)、视频热度排行
搜狐	影视内容	搜狐视频指数	分性别、年龄、学历、职业、收入的电视剧及电影榜单;对单个内容的收视行为、人群分布的分析
克顿传媒	全流程评估	数据中心	对制播前、中、后期提供不同的数据服务
艺恩咨询	电影全流程评估	艺恩娱乐决策智库	包括电影营销智库、艺人品牌智库、票房智库等
尼尔森网联	数字电视收视监测等		服务内容包括海量样本收视率监测、全媒体广告监测与媒介咨询服务三大体系,范围涵盖数字电视收视行为测量、广告投放监测与监播、广告效果评估与诊断、媒介投放策略规划等多个市场领域。①

数据来源:根据公开资料综合整理

　　这些指数形式较为简单,诞生之初也并非为商业目的而存在,只是随着网站自身影响力的提升而日益受到业界的重视。

　　在这一阶段,制播分离的趋势越加明显。由于电视不再是独大的终端,受众的内容需求空前膨胀,从而使制作力量市场化。这些新兴的制、播机构对内容制作、采购提出了科学性的需求,因此,对视频产业链条上的剧本、明星等元素的细分评估产品也开始出现。如克顿传媒的剧本评估、VLINK 的艺人指数等。艺恩咨询推出的评估产品可以对整个电影链条多个环节进行评估,是此类产品中的典型。

　　此外,随着电视终端的数字化,对数字电视的收视率调查也浮出水面,尼尔森网联即为个中代表。

　　总体来说,这一阶段的特征是终端数字化、评估产品多元化。

　　而这些评估产品,又可以再进行细分,包括基于新电视收视行为的评估产品、基于搜索行为的评估产品、基于社交媒体的评估产品等类型。

---

① 王薇.尼尔森网联,带领电视进入大数据时代.广告大观(媒介版),2012(9):48~49.

（三）大数据概念下的跨屏融合

评估产品发展的第三阶段，以两个关键词为核心：大数据和跨屏。

一方面，用户的跨屏行为越来越明显，尤其是伴随着手机、平板电脑等移动终端的普及，用户行为摆脱了传统电视收视的线性，而在多个终端的多种平台上切换和跳转，边看边互动的收视方式日益明显；另一方面，用户活跃的线上行为也促进了数据量的膨胀，我们进入了号称"大"数据的时代，数据的体量、复杂程度都与此前不可同日而语。

在这样的背景下，基于大数据概念的跨屏融合类评估产品应运而生。2013 年 7 月 15 日，由泽传媒机构发布的第一个结合电视、互联网、新媒体数据样本的动态电视排行榜——"中国全媒体卫视收视率排行榜"成为全媒体收视率的首次亮相。这一概念吸引了众多学界、业界的关注。2014 年春晚，央视引进秒针系统公司的网络同步直播收视监测，打破了传统的单屏收视率测量，启用"全媒体收视率"这一新指标，成为电视节目收视评估方面的一个标志性事件。

索福瑞在 2014 年、2015 年分别推出了微博收视率以及与欢网的合作。百度、微博、优酷等指数也开始单独区分 PC 及移动端行为，推出简单的相关指数。例如，2014 年 7 月 2 日，央视-索福瑞媒介研究有限公司(CSM)与微博(Weibo)合力打造的微博电视指数 Beta 版宣告上线，该指数参照国际通行标准，在对微博数据进行规范化处理后，结合微博上与电视节目相关的数据，包括用户量、讨论量等，综合评估电视节目在微博上的传播情况，形成了系统化、标准化的数据产品。[①]

目前，在"微博电视指数"这一官方微博上，可以看到索福瑞所发布的数据，如表 3 即为 2015 年 3 月 21 日(周一)电视剧日榜。

表 3　2015 年 3 月 21 日(周一)电视剧日榜

排名	节目名称	播出平台	阅读人数	阅读次数	提及人数	提及次数
1	《女人的天空》	央视电视剧频道	705.5 万人	2 640.7 万人	1.4 万人	5.2 万人
2	《山海经之赤影传说》	湖南卫视	396.7 万人	1 164.5 万人	5 946 人	1.5 万人

---

① 微博电视指数 Beta 版上线.广告大观(媒介版),2014(8):13.

排名	节目名称	播出平台	阅读人数	阅读次数	提及人数	提及次数
3	《最美是你》	东方卫视	327.3 万人	2 582.1 万人	2.8 万人	3.1 万人
4	《爱人的谎言》	浙江卫视/深圳卫视	284.7 万人	938.3 万人	1.2 万人	3.3 万人
5	《小镇大法官》	央视综合频道	256.4 万人	410.4 万人	728 人	932 人
6	《因为爱情有幸福》	湖南卫视	160.5 万人	1 129.9 万人	6 451 人	3.1 万人
7	《爱的阶梯》	江苏卫视	109.5 万人	338.1 万人	4 925 人	6 594 人
8	《猎人》	北京卫视	109.1 万人	347.6 万人	3 822 人	6 895 人
9	《新婚公寓》	东方卫视	68.7 万人	131.2 万人	1 130 人	1 744 人
10	《我爱男保姆》	湖北卫视/黑龙江卫视	55.8 万人	120 万人	1 425 人	2 409 人
11	《热血》	重庆卫视	52 万人	90.5 万人	1 135 人	1 734 人
12	《寂寞空庭春欲晚》	东南卫视	37.2 万人	82.2 万人	728 人	921 人
13	《陆军一号》	广西卫视	19.7 万人	22.2 万人	64 人	74 人
14	《两个女人的战争》	江西卫视/山东卫视	12.8 万人	97.2 万人	1 122 人	1 903 人
15	《好运来临》	安徽卫视	10.3 万人	32.7 万人	1 231 人	2 608 人
16	《芈月传》	天津卫视/辽宁卫视	8.4 万人	25.7 万人	390 人	516 人
17	《蚂蚱》	贵州卫视	2.9 万人	6.7 万人	164 人	185 人
18	《天伦》	北京卫视/四川卫视	1.4 万人	4.4 万人	1 297 人	1 307 人
19	《生死翻盘》	山西卫视	4 859 人	1 万人	123 人	159 人
20	《铁在烧》	广东卫视	2 788 人	5 040 人	18 人	22 人

数据来源：微博电视指数官方微博账号

　　而国外早于索福瑞的微博收视率已经出现了类似的产品——尼尔森-Twitter 收视率。

　　2012 年,在电视收视率统计领域最具权威性的市场研究机构尼尔森(Nielsen)与 Twitter 合作,推出"Twitter 电视收视率"。Twitter 电视收视率是基于网民在 Twitter 发布的与电视节目相关的推文(Tweet)数量、观众群体规模、电视节目的观众数量等跨平台交互数据来衡量电视节目收视排行的方式。

　　推出这样的收视排行方式是有科学依据和现实基础的。尼尔森通过网络调查得出结论,美国人在每天的上网时间中,用于社交网站(Facebook、Twitter 等)的时间占比为 23％,超过了他们在阅读网络新闻、使用电子邮件等业务的时间。[①] Keller Fay Group 的数据则表明,人们对于电视节目的讨论有 80％发生在实际的线下会面中,10％发生在电话中,剩余的 10％则大部分在社交网站上发生。而超过 1.4 亿个用户每两天半就会产生 10 亿条的 Twitter 信息,并且绝大部分是公开的,这就使得 Twitter 的数据成为反映电视节目内容所引发的讨论量的重要指标。同时,从 Twitter 的收入构成来看,电视相关广告对其收入有一定的助推作用。

Twitter 电视收视率对 Twitter 用户在观看影视剧时发表的评论,以及通过智能手机、平板电脑等"第二屏"分享的推文进行数据统计。测量数据涵盖了对某个电视节目进行讨论的人数、阅读这些讨论的 Twitter 用户数、用户的活跃度和覆盖范围等数据,通过数据分析,从而对电视效应和用户规模进行更加有效的评估。以独立作者数、Twitter 发布数量、独立访问人数、Twitter 浏览数为指标,前两者为发布指标,后两者为到达指标。发布指标是在剧集或节目首轮播映后的 3 小时内在 Twitter 上发布的与内容相关的独立作者数,而到达指标则是截止到首播后第二天凌晨 5 点前 3 小时内被监测的 Twitter 访问人数和浏览量。

以 2013 年播出的新一季《实习医生格蕾》(Grey's Anatomy)为例,根据尼尔森的相关数据,2013 年 8 月总计有 9.86 万观众发布了与该电视剧首播相关的推文,而当晚该剧的收视观众数则为 930 万,似乎两者相比体量差距很大。但同时,9.86 万观众发布的 22.5 万条推文,总计被 280 万 Twitter 用户看过,而这些用户很可能受到了推文的影响而观看该剧。因为有研究表明,Twitter 在一定情况下可以提高收视率,Twitter 讨论量与收视率之间存在正相关关系。[②]

就笔者看来,由泽传媒所推出的全媒体收视率数据,其实是将网民的视频点击、搜索、社交发布等多种环节纳入"收视率"这一概念之下,这有失公允。索福瑞与新浪微博合作催生的微博电视指数确实如其名称,主要集中于探讨新浪微博用户对于节目的讨论,在这方面,能够客观地在一定程度上反映内容的社交热度,但社交平台不止微博一家,豆瓣、百度贴吧等平台也各自

① 罗佳.美国"跨屏收视率测量"实践.西部广播电视,2015(8):15.
② 唐瑞娟,王薇.海外内容评估实践.广告大观(媒介版),2016(2).

吸纳了相当数量的"网民",因此,不够全面。至于各个视频网站统合自身数据、在指数中推出跨屏概念的做法,由于本身数据的真实性就值得怀疑,且缺乏对电视端数据的纳入,亦难称科学。

总体来说,尚未看到能够合理地将多个终端融合、将收视与社交融合的评估产品。

二、内容评估产品的三重问题

(一)数据真实性问题严重

在当前内容评估产品中,首先最重要的是数据真实性的问题。传统收视率调研的数据污染,已经被业界、学界广泛讨论,而在大数据方面,数据的真实性同样存在较大的问题。[①]

例如,淘宝在购物节期间对销售数据的作假,以及 2014 年蜻蜓 FM 通过技术手段对 DAU(日活跃用户数)和广告点击量等数据的作假也在业界引发了较大的关注。类似的问题也存在于视频网站、搜索引擎、各类移动 APP 等。在这些互联网企业封闭的小圈子里,由于缺乏监管,数据又非常容易在技术上进行修改,因此,数据真实性的问题非常严重。

而基于虚假数据做出来的评估产品,其科学性也就必然要被质疑。

(二)评估产品缺少顶层设计

评估本身作为一种工具型产品,其存在是为了某一既定目的,所以必须要在这一前提下进行完整的系统设计,从顶层规划清楚技术实施路径。

目前来看,现有的国内评估产品存在两种极端:一种是过于短浅,如泽传媒推出的微博、微信榜单,以及各视频网站各自的指数,只能提供单纯的排行榜或者简单的数据。而内容生产涉及复杂、多元的流程和环节,这种简单的数据产品对于业界的内容运营、制作很难提供有针对性的指导意见。

另一种则看似全面,想要将剧本、艺人、品牌等评估融为一体,这实际上也反映了顶层设计的缺失。业界对各类评估都有需求,但每一种需求所需要的路径不同,如对内容的价值评估和对营销效果的评价,其实不可能放到一个产品中共同实现。例如,百度指数、微博指数,表面上看来可以实现对品牌、明星、内容等的评估,给出相应的指数和曲线,但实际上不同类型的对象要采取的评估方式不可能完全一样,呈现出的产品形态也会有差异,这种看

---

① 王薇,吴殿义.内容评估"发展观".广告大观(媒介版),2016(2).

似全面的评估很难产出有价值的结果。

（三）数据处理方面技术不够成熟

首先，在数据清洗上，并没有解决无效信息大量存在的问题。越是海量数据，越存在大量的无效信息。这里面既有简单的重复数据，也有相对复杂的广告信息、用户无效注册信息等。

例如，新浪微博存在很多僵尸账号，营销机构利用这些账号刷话题榜单几乎成为常规行为，但这些账号所产出的数据并不能反映真实用户对内容的态度，对于内容评估而言，是无效数据。另外，又有大量账号经常在热门内容话题中掺入广告信息，希望将用户对热门话题的关注度引导到自身的电商链接里去。这两种在评估中无效的数据，以笔者在实践中的经验估计，甚至能够占到80％。

针对不同的无效数据，有不同的技术手段可以应对。例如，anti-spam，对于不同类型的垃圾数据有不同的解决方案，并有成熟的实践方案。但是目前较多的评估产品并没有在解决无效数据上面提出方案，而是完全照搬各个平台的数据量。这种评估结果，宣传效果大于实际价值。

其次，不同数据之间的融合不足。不同屏幕、不同平台、不同账号的粉丝，都意味着差异化的受众人群。在用户跨屏行为成为主流的当下，如何将多屏的数据、多个平台的数据进行融合，是亟待解决的。而目前市场上众多的跨屏指数，在学理层面上并不能说得通。而且，这些指数往往利用自身大数据的名义，只能够描述内容的表象，忽略了统计规律，不能够给出内容背后的观众喜好、黏着等深层次分析。

最后，数据挖掘力度弱。虽然目前在内容评估产品方面，有较多的技术概念，如对大数据、云计算的应用等，但实际上，与广告的监控、竞价系统相比，视频内容的评估还停留在拿到数据简单分析出报告的阶段。有很多指数关注诸如观众星座这样的分析和可视化，但是，对于实际的内容运营而言，产业从业者并不关注这一类数据。正是由于数据挖掘力度弱，因此，评估产品与实际需求脱节严重。

第四节 研究方法及框架

本研究主要采用文献研究和定性分析的方法来规划、设计内容评估体系，并通过实际数据的采集进行一定的验证（见图2）。

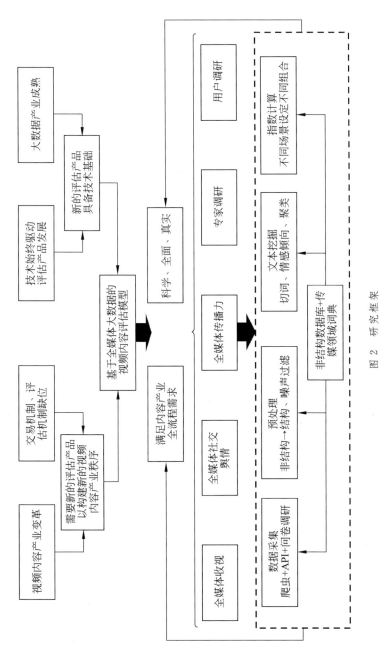

图 2 研究框架

一、文献研究

本书的研究在完成过程当中广泛地收集、分析和运用了产业经济、大数据、数据挖掘、统计学、指数学等领域的文献和资料，用于进行内容评估的体系架构。

同时，对国内外已有的实物商品、精神商品、媒介内容产品的价值评估文献、资料进行了集中性的搜集整理，并进行归纳总结，形成相关的案例作为本书研究的重要支撑。

二、定性分析

笔者从 2009 年开始于《媒介》杂志从事编辑记者工作，期间积累了大量的传媒机构、营销传播机构、企业、学界的访谈资源。

在论文写作之前，本人在导师黄升民教授的指导下，全程参与了内容银行理论与技术体系建设的课题研究，对内容银行基本理论体系有较为全面的理解，同时也通过大量的实地调研、访谈，积累了丰富的一手资料。

在本书写作过程中，本人以主要研究人员的身份加入到科技部国家科技支撑计划课题——立体电视内容交易平台和运营商业模式研究，以及网络电视版权交易系统集成开发与应用研究中，获得了来自课题的人员、资金支持。

因此，笔者的定性研究主要通过大量的深度访谈以及实地开发经验来完成。

（一）相关主体的深度访谈

为了充分了解目前业界关于内容价值评估的发展现状，笔者采访了大量有代表性的内容生产角色、发行角色、营销角色、购买角色、投资角色，这构成了笔者调研的第一个维度。

笔者的第二个调研维度是针对已开展内容评估、交易相关业务的公司和机构的访谈。其中评估类业务机构有克顿传媒、易思传媒、尼尔森网联、央视索福瑞；交易服务机构有京视传媒节目版权交易电子商务平台、西安电视剧版权交易中心、短视频内容银行以及五翼传播的"秒鸽"交易平台（见表4）。

由于该研究体系涉及它在内容银行系统平台的实际运用和实现，因此笔者还针对银行等数据交易服务机构进行了访谈和了解。

表 4　访谈机构列表

访谈机构类型	具体访谈机构
内容生产	光线传媒、唯众传媒、华谊兄弟、灿星、华策影视
营销机构	群邑、电通、博报堂
投资机构	陕文投、华人文化基金
内容版权交易机构	秒鸽、京视传媒、西安电视剧版权交易中心
内容评估机构	尼尔森网联、索福瑞、易思传媒

（二）实地开发及相关一手数据获取

在立体电视内容交易平台和运营商业模式研究，以及网络电视版权交易系统集成开发与应用研究这两项课题中，笔者实际承担了开发项目负责人的工作，与开发人员一起推进评估系统的架构、设计和应用，包括数据结构、数据库建构、技术选型、数据抓取、存储、分析、展现等工作，在这一过程中大量接触到视频网站、社交网站、搜索引擎等互联网数据，以及传统的收视率数据等，这为笔者研究大数据时代的数据特征，以及如何用大数据建构评估模型提供了完善的一手材料和支持。

第一章

内容评估体系建构的基础

视频内容评估体系的建构与整个视频内容产业的发展息息相关,在不同的产业发展阶段,会催生出与之相应的评估体系。

在这两者关系结构中,视频内容的生产、分发、传播、交易模式会影响到评估体系的建构;视频内容的产业规模、市场参与者、市场结构、竞争关系也会影响到评估体系的建构。所以,在本节中,笔者将从市场格局、生产模式、市场发展与竞争等方面来论述全媒体时代视频内容评估体系建构的基础。

第一节　市场基础:大视频产业对内容评估提出需求

一、视频内容产业进入多元竞争格局,原有生存法则发生变化,需要评估体系支撑

以往,电视媒体是视频内容的唯一传播平台,用户只有通过电视机才能看到视频节目,这给了广播电视机构极强的垄断优势。而网络融合的环境彻底改变了视频内容的产业结构,许多原本不具备视频传输能力的机构也加入其中,形成了数字电视、IPTV、互联网电视、网络视频和手机视频等产业,各产业之间既独立运作,又相互关联、相互竞争,而在这其中视频内容成为各产业争夺的焦点(见表1.1)。

在这样的背景下,如何建构一个科学的内容评估体系让优质内容浮出水面,从而占据竞争优势、夺取受众,成为内容产业竞争者急需解决的问题。

(一)广电:稀缺性、垄断性被打破,需重构内容优势

1. 传统电视建构在渠道资源稀缺的基础上

在新媒体兴起之前,说起看电视,只能是由电视台提供内容,通过广电网络(有线、无线或者卫星)在电视机上观看。

表 1.1　视频行业进入多元竞争格局

	内　容		网　络		终　端	
	参与角色	行业控制力	参与角色	行业控制力	参与角色	行业控制力
传统电视	电视台	很强	广电网	弱	电视机厂家	很弱
数字电视	电视台、有线网自建内容	强	广电网	很强	电视机、机顶盒厂家	很弱
IPTV	电视台	强	通信网	很强	电视机、机顶盒厂家	很弱
网络视频	电视台、制片公司、UGC、网站	强	宽带互联网	很弱	无	很弱
互联网电视（OTT）	电视台、应用开发者	弱	宽带互联网	很弱	电视机厂商、IT 企业	强
手机电视	电视台、应用开发者	强	宽带互联网	很弱	智能手机、平板电脑企业	强

此时，频率是一种稀缺资源，广电机构牢牢控制这种资源，从而也就掌握了行业的主动权、主导权。由于传播渠道的稀缺性，电视台自己生产的内容就足以支撑，有的台甚至还有节目冗余，完全没有必要号召大量的社会生产者进入。对于那些社会制作公司来说，想在电视上播出自己制作的节目，电视台也会以占用频率资源为谈判砝码，不直接付费，而是采用贴片广告的方式无偿拿到内容。

同时，电视节目制作的高度专业性也提高了节目生产的门槛，只有经过专业训练的人在电视台或者专业制作公司里才有可能生产出电视内容。电视内容从量上来说，必然一直处于紧缺状态，因而强化了电视内容的价值。

另外，观众的收视方式也非常单一，电视是唯一的收视渠道。对于需要投放广告的企业来说，电视媒体资源是有限的，而优质的媒体资源更是非常稀缺，此时电视台能够比较容易获得高额的广告收入。

以上种种，形成了传统电视行业的生存逻辑：控制稀缺的传输资源，形成垄断优势。资源越稀缺，其媒体价值也就越高，这也是央视此前为什么能够年年涨价、屡创广告收入新高的原因所在。

2. 稀缺性被技术打破，垄断终结

但是，技术的快速发展打破了渠道资源的稀缺性，垄断不复存在，电视的黄金时代终结。

从传输渠道来看,数字技术催生了一系列的新媒体,且呈现快速发展态势。传输渠道从稀缺变为丰裕,内容生产者可以向任意一个播出平台提供内容,而不再局限于电视台。无限的传输能力,让电视台独占收视市场的局面一去不复返。

此时,越来越多的人,尤其是年轻人开始远离单向、死板的传统电视,转向内容更为海量、收看方式更为主动多样的互联网等新媒体,电视作为媒体对受众的吸引力在不断下降,进而引发了广告行业对其广告价值的质疑,越来越多的广告主开始调低电视广告的预算比例,电视广告经营开始触摸天花板。

与此同时,电视的内容生产制作绝对优势也在受到互联网等新媒体的挑战。来自 UGC 的内容量迅速增长,甚至超过了电视台的内容生产量。

3. 电视台的内容生产优势受到挑战

如此一来,电视台靠垄断频率这一稀缺资源所建构起来的生存模式就失去了存在的根基,下一步,电视台将何去何从?

面对新媒体的冲击,很多电视台也作出了积极应对,其中一个普遍的做法就是:认为电视台有内容资源,可以向各种新渠道(尤其是互联网)提供节目,或者自建网络电视台,从而进军互联网视频市场,拓展经营空间。这种做法在一定程度上确实能够起到拓展经营空间的作用,但是却存在诸多问题。

第一,电视台自身所拥有的内容,尤其是版权内容,量比较少。

第二,从内容类型上看,视频网站上点击最高的一直都是影视剧,而电视台却大多没有影视剧的独立完整版权,无法跟视频网站进行影视剧交易。电视台最擅长的新闻节目承担着宣传导向的任务,不能进行纯商业的交易。如此一来,电视内容中的前三甲——影视剧、新闻和综艺,就只有综艺类内容可以跟网站交易了,而全国大大小小的综艺节目中,能叫得响的屈指可数。

第三,由于目前网络视频基本都是免费播出,如此一来,即使电视台的内容输出给了视频网站,往往也是以免费的方式,无法直接获得收益。有的网站甚至是采取盗版方式在使用电视台的内容,这种方式下,电视台的内容虽然出现在了互联网上,带给电视台的却是伤害而不是利益。

第四,电视台自建网络电视台依然没有摆脱官网属性,内容多以电视台自有节目为主,不过是多了一个传播渠道,依然沿袭了电视台内容自产自销的模式。如果所有电视台都照这种模式建一个网络电视台,不过是传统电视格局在互联网上的一个翻版,并不能从根本上改变电视内容产业。

第五，即使电视台在把内容输出到互联网上的过程中能够获得足够利润，但如果仅仅是在现在网站的体系下为其提供内容，那就将沦为互联网网站众多 CP 中的一个，从而丧失产业主导权。

如此种种让我们看到，电视台要想靠原来的内容运作模式为王，难度重重，所以必须寻找全新的运作模式，从根本上解决内容如何为王的问题。而答案，笔者以为，正是通过全新的评估体系提高内容生产、管理水平，盘活内容存量资源，重筑内容优势。

（二）通信：以媒体化寻求解决被管道化的问题

近 10 年来，全球通信业面临一个共同问题，那就是：传统业务衰退，通信运营商被管道化。以中国移动为例，2000 年，其每用户平均价值（ARPU）为237 元/月，此后一路降低，到 2014 年时，降低到 61 元/月。在新兴的移动互联网中，移动运营商更多充当的仍然是网络管道的角色，很少从内容上直接获利。

通信产业不甘心于只做管道，且管道价值越来越弱，因此不得不寻求新的增长点，所以媒体化就成为未来重要的战略要点，从而切入媒体市场。

通信产业在媒体领域的战略布局集中于两点：第一，基于家庭的 IPTV；第二，基于个人的 4G、5G、物联网等新兴业务。

无论何种媒体化业务，其中心都在于是否能够建构起内容库，为业务的良好体验保驾护航。由于通信产业在内容领域并不具有先发优势，作为后来者，更需要一个科学的评估体系帮助其审慎选择，以合理成本获得优秀的内容资源。

（三）互联网：劣币驱逐良币，急需寻找突破点

网络视频的蓬勃发展给视频内容产业带来了一系列重要变化，其主要表现在：（1）引入用户原创，拉低内容生产门槛，从而可以在短期内积聚海量内容；（2）基于用户相互评价、推荐，新的内容交易模式出现；（3）草根原创内容与精品内容并存，且形成两种不同内容运作模式。

但与此同时，网络视频也面临诸多问题，其主要表现在以下几方面。

1. 内容依然免费，靠广告实现盈利

从商业模式来看，当前，不论是中国还是海外，网络视频基本上都采取了"免费内容＋广告"的经营模式。这种模式给视频网站带来了生机，但是，对于全行业来说，不过是把电视的广告投放分流到了互联网上，并没有创造出更新的价值。

2. 版权费无序暴涨

由于网络视频竞争的加剧,各大视频网站纷纷争抢优质内容资源,不惜重金购入优质影视剧,使得影视剧网络版权在 2010 年后呈现暴涨局面:《三国》网络独播价格是 15 万元/集;土豆网在 2010 年年初买断《神话》网络版权时花费上百万;2011 年,《男人帮》的网络独播权已经卖到了 40 万元/集;2011 年,《后宫甄嬛传》的版权销售价格(电视与网络视频合计)接近 400 万元/集,在当年的销售价格中排名第一;①2015 年播出的《甄嬛传》姊妹篇《芈月传》的网络视频版权价格则达到了 200 万/集,按照 81 集来计算,乐视网在购买版权上的投入达到了 1.62 亿。

网络版权费的无序暴涨,给视频网站带来了巨大压力,也给版权交易市场带来了重重迷雾,因而急需一个规范化、透明化的交易平台。

3. 原创内容海量却杂芜,劣币驱逐良币

不可否认,开放的平台降低了门槛,从而实现了内容的海量化,但优秀的内容仍然是高成本、高技术门槛的,UGC 产生的内容质量很难有保障,使得互联网上的内容过于海量而杂芜,这些杂芜的内容就像是"劣币",而那些真正高品质的内容——"良币"则被淹没在"劣币"的海洋中,使被发现的概率降低。如此一来,用户就更不愿意为这样的内容付费,从而形成一个恶性循环。所以,在互联网上,虽然视频内容人气旺盛,却无法形成收费。

4. 海量无序内容带来管理难题,盗版频繁,安全性差

在过去 40 年里,互联网以自由、平等为指引,给每个人提供传输信息的可能性,这种精神让用户尽情共享各种内容但却让盗版泛滥,内容生产者的权利得不到保障。这种做法在颠覆了传统媒体的传统价值之后,并没有给予足够的补偿,无异于涸泽而渔。同时,也给内容管理增加了难度。

5. 消耗大量带宽资源,带来巨大成本压力

海量内容还带来垃圾流量,增加了带宽压力和网站成本,却很难给网站带来回报,网站在这种经营模式下很难获利。

这种"劣币"驱逐"良币"的现象,其解决方法就是建构一个科学、合理的评估交易体系。

---

① 东方早报.《甄嬛传》制作方保守估计一集收益 400 万. http://ent.sina.com.cn/v/m/2012-05-03/10283620927.shtml.

二、缺乏评估体系的内容交易模式不能满足视频内容产业的需求

由于传输内容的网络渠道、终端不断泛化，内容的应用范围不断扩展，出现了 DTV、IPTV、网络视频、互联网电视、车载移动电视等各种形式，从而对内容交易的需求量也呈现不断攀升态势。

国家广电总局官网的数据显示，中国 2015 年全年生产电视剧 395 部 16 560 集；生产电视动画片 134 011 分钟；生产故事影片 686 部、科教影片 96 部、纪录影片 38 部、动画影片 51 部、特种影片 17 部。而电影票房更是达到 440.69 亿元，同比增长 48.7%。国产影片票房 271.36 亿元，占总票房的 61.58%。[①]

此时，同一平台内容的内容管理与交易、跨平台、跨区域的内容交易、跨区域以及面向个人的交易需求都开始出现，因此需要一个内容评估、定价系统的标准建构和技术支撑。

目前，围绕内容的交易呈现出多样化的特点：传统广电的媒资音像资料馆模式、电视节模式得到保留；媒体内容产业也延伸到更为广阔的文化版权领域，出现众多的版权交易中心；同时，基于互联网的内容交易平台也越来越多，广电媒体自建、互联网角色积极参与，以及各类投资机构，甚至连社会非营利组织都涉足于此。

（一）四大模式支撑媒体内容交易

1. 电视台媒资音像资料馆模式：侧重台内交易和社会服务

国内电视台所积累的节目和素材，以及每天新生产的大量视、音频内容构成了电视台最重要的内容资产。但是，在过去很长一段时间里，国内电视台尚未意识到内容资产的重要性，对内容采用比较粗犷的管理方式很多年。直到 1994 年，国家新闻出版广电总局颁布了《广播电视宣传档案、资料管理办法》，首次以行业法规的形式定义了广播电视节目资料的行业管理要求。而此后数字技术的发展和媒体的变革使电视媒体深刻认识到原来沉睡在档案库中的"节目资料磁带"具有非常可观的经济效益，于是纷纷建立媒资体系，或以音像资料馆为主体对节目资料进行管理和台内外的经营。

笔者通过对国内几家具有代表性的音像资料馆以及台内媒资平台的服务现状进行考察，发现目前国内电视台音像资料馆的服务范畴基本上都只给

---

① 国家广电总局. 2015 年统计公报（广播影视部分）. http://gdtj.chinasarft.gov.cn/.

台内部门提供资料进行信息调用,用于台内的内容生产,并且在交易的时候,通常也只采用"只记账、不支付"的方式。面向社会服务的业务方面,则主要以参观、培训、教育服务为主。

2. 电视节模式:功能有所变化,更受互联网视频青睐

尽管机构间的内容版权交易一直都在常态化地进行,电视媒体、社会电视剧/节目制作公司、视频网站等依旧在坚持参与电视节活动,用一个固定的时间和场所来集中地宣传、推介和采购。就规模与影响力而言,目前国内的电视版权交易市场主要有北京国际电视周、上海电视节和四川电视节三个大型的活动。

三大电视节有一个共性:历史都比较久远。诚然,随着现在交通和通信工具的日益便捷,电视节这种传统的信息载体和交易场所模式已经不再是必须。从目前国内三大电视节的主题活动设置不难发现,当前,电视节模式已经悄悄转化其初始功能,它不再是以交易为主的场所,更多地成了从业者参与奖项评选、参加学术论坛和社交的场所。根据笔者的观察,当前电视节的内容交易主要以成品交易为主,而且基本上都是该机构当年最热门、最重视的少许作品,主要集中在"红海"领域。就参与机构来看,近两年,视频网站成为三大电视节最活跃的参展商,包括优酷、搜狐视频、乐视网、腾讯视频等主流视频网站都在现场设立了各种活动专区、演播室等空间,吸引观众参与互动。

3. 版权交易中心模式:交易功能较为薄弱

媒体内容交易并不仅限于电视相关的机构,更衍生到版权交易领域。近年来,国家版权局从政府层面,批准多个地方政府建立了多个国家级版权交易中心,并且允许社会机构参与其中。这些项目当中,不乏投资规模巨大者,比如,2012年5月成立的华中国家版权交易中心,根据互联网公开资料显示,版权交易中心暨产业基地计划投资50亿元,分期分批完成。

笔者通过查阅相关资料,发现中国目前批准的版权交易中心仅有少数正式投入了运营,多数仍处于在建阶段。已经投入运营的版权交易中心中,所规划的服务职能也只有少部分实现,大部分并未实现。实现的职能主要集中在版权登记、代理注册、商务咨询等层面,对于交易这一属性的实现路径还不够清晰,真正落到实处的交易功能还非常薄弱。

4. 线上交易平台模式:功能各有侧重

线上的交易平台在近两年不断萌芽兴起,主要有四类角色在从事线上内

容交易平台的搭建,即电视台、互联网、投资公司和其他社会组织。

电视台既是内容、素材的需求方,同时也是最大的内容生产方、制作方。电视台对于内容"原料"的需求不仅量大,而且对内容的品质要求也非常高。同时,电视台自身所生产的内容也具有这样的特点:电视台生产的内容品质好,具有非常好的二次传播价值。如果说本文所述的媒资音像资料馆模式主要是服务于电视台台内,那么通过搭建线上交易平台,把自己的媒资产品向外界所有对内容有需求的机构和个人进行出售,就能实现电视台更多的媒体资产变现和价值增值。

电视台作为线上交易平台运营方最典型的案例是秒鸽传媒交易网。2013 年 SMG 旗下的上海五岸传播有限公司与成都索贝数码科技股份有限公司成立了合资子公司——上海五翼文化传播有限公司,负责 SMG 内容交易平台的开发和运营。2014 年 1 月该平台正式上线,命名为秒鸽传媒交易网。秒鸽借鉴了"淘宝"的平台模式,客户(内容成品或素材版权的所有方)可以进入平台的"商场"中开设店铺,而商场则从交易订单中抽取佣金。同时,依托于海量内容,平台也可为客户提供各类增值服务,包括信息订阅、版权管理等。① 同样,开展此类业务的电视台还有中央电视台的"中国国际广播电影电视节目译制交易平台数字音像门户"、北京电视台的"京视网",以及长沙广播电视集团旗下中广天泽运营的"节目购"。

互联网是最早开展内容交易平台业务的,早在 2009 年阿里巴巴就和华数联合成立了中国第一家数字产品分享交易平台"淘花网"(现已关闭)。2014年 3 月,阿里巴巴成立数字娱乐事业群,联合金融机构推出了"娱乐宝",以银行推出理财产品的方式,推出基于互联网金融的内容产品,在普通"众筹"的基础上,进行内容交易和投资。

一些文化投资机构也进入内容交易平台领域,比如,最早的陕西文化产业投资控股集团(陕文投)。2011 年 5 月,由陕文投、陕西广电网络、陕西盛唐天下投资发展有限公司共同出资 5 000 万元人民币注册成立的陕文投集团控股子公司——西安电视剧版权交易中心有限公司,是陕文投版权交易中心的运营主体,目前,该中心对外的服务平台为中国影视版权交易网。目前该网站主要提供版权登记、备案、著作权登记、影视内容方面的信息、资讯等服务,还推出了融剧宝投资服务。这一产品"以影视制作企业与播出机构之间存在

---

① 叶秋知. 从平台经济看构建内容交易平台的可行性. 今传媒(学术版),2014(8):79~81.

应收购剧款为基础,在双方签订电视剧预先购买合同或电视剧播出合同后,由版权交易中心先向债权人(影视制作企业)支付应收购剧款。在约定期限内,债务人(影视播出机构)向版权交易中心支付全额购剧款。成功开展融剧宝服务后,版权交易中心在约定期限内收回垫付的资金,并向债权人(影视制作企业)收取一定比例的交易服务费"。[①]

除此之外,非营利性机构——国际电视电影节目交易中心(简称:ITFPEC)也建立了自己的交易平台,提供片库、剧照、视频、简介、新闻动态、招聘信息等资讯、检索服务。

(二)国内内容交易模式发展的特点与不足

笔者认为国内内容交易模式的发展具有以下几个特点。

1. 从线下延伸到线上,功能定位悄然改变

20世纪80年代末90年代初,内容生产数量少,播出渠道也少,交通、通信也都不够发达,因此一年一度或者两年一度的电视节是国内电视同行最盼望的内容交易的好时机。而电视台自己的音像资料馆也只是以服务台内资料调用,以实体机构的形式存在。

互联网电子商务概念被运用到媒体内容交易就衍生出了内容交易的互联网化,出现了平台化的交易模式,媒体内容和淘宝上的普通商品一样可以在线搜索、浏览、比价、放入购物车。

随着内容交易模式从线下发展到线上,传统的线下模式并没有消失,在不知不觉中,其功能和定位也发生了改变。比如,电视节模式,交易成分明显被冲淡了。

2. 从单向的封闭式交易到开放的平台化交易

互联网的出现让O2O变为可能,其更为本质的突破在于它开放性的平台概念为媒体内容单向的、封闭式的交易提供了前所未有的契机,让其以令人难以置信的速度和规模席卷全行业。

其实在开放式平台交易方面,苹果的APP Store、谷歌的Google Play这些应用商店作出了很好的示范:的任何机构或者个人都可以上传自己的APP产品进行定价,供所有用户购买、下载、收藏,并从中获利。在媒体内容产品方面,伴随着越来越多的在线销售平台的出现,它的销售、采购、定价、分发、传输也将越来越多地体现出平台化的特征。并且,在开放的互联网平台上,

---

① 袁少波.西安电视剧版权交易中心服务模式创新研究.西北大学,2013.

任何参与交易的用户都不需要线下柜台办理,通过平台提供的工具包,就能在线完成自助服务。

更重要的一点是,交易平台的开放化,让实时竞价成为可能。比如,Google AdSense,就是通过建立基于实时竞价的 RTB 平台,让海量的互联网广告在瞬间完成竞价、成交、广告上线和货币支付。用户还可以通过既往效果的点击到达率、广告与内容的相关性、目标网页的质量来综合评估平台双边用户的匹配度,让交易变得更加透明。

3. 从粗放式的成品交易到精细化项目投资

原有的内容产品交易主要是成片内容一对一展示—询价—支付,交易效率低且风险高,还容易导致内容生产方因为前期投入不足而牺牲内容品质。通过前置式的项目投资,让内容的购买者在内容生产之前深度介入内容创意、策划,以及生产的全流程,因而能在一定程度上避免这类问题。并且,各种数据支持下的评估应用工具也能辅助投资者更好地进行内容投资决策,帮助双方确定交易价格。

因此,我们看到几乎现有的不管是线上的交易平台还是版权交易中心所提供的可供交易的内容当中,有很大一部分是尚未开拍的剧本、节目模式,或者是电影计划项目。①

基于这样的分析,笔者也提出对现有内容交易模式的一些思考。

1) 封闭的交易模式在媒介融合时代显得效率不高

内容价值只有在开放的平台上、不断地流通中才能得到充分体现。而我们看到,汇聚了大量人力、物力和财力并经过数字化和编目的媒资、音像资料馆,如果仅靠服务台内的内容生产为本台的节目生产提供支撑,那么它的服务范围不免过于狭窄。电视节模式看似火热,但事实上,它的交易功能却在不断弱化,已经完全不能支撑海量的内容交易及满足长尾市场的需求。

相反,在媒介融合时代,社会各类机构、专业的个人生产者、普通的用户对媒体音像内容的需求却在不断提升。如果不尽快建立一个平台去提供高效率、多层次、多样化、专业化的交易服务,不断促进内容价值的流通,也就是生产关系还停留在过去,那么是必然无法匹配、满足现有生产力的,所以就会被淘汰。

2) 自产自销的交易平台难以形成规模效应

既然封闭的线下交易模式弊端显著,那么就把资料库搬到线上,允许访

问、浏览、交易就能解决问题了吗？不能。

把线下内容搬到线上，仅解决了自身内容素材化、数字化的问题。自产自销是永远无法形成海量规模的。而且内容的局限性会极大地影响用户的体验，一旦用户的需求不能在狭窄的内容资料库里得到满足，就很难对平台产生好感，形成黏性。

3）不了解行业、缺乏专业性的评估是当前内容交易平台市场最大的短板

在广电机构、版权相关机构纷纷搭建内容交易平台、版权交易中心的同时，互联网机构也在非常积极地向内容交易领域进军。毫无疑问，这些互联网机构在交易技术、云存储、云分发技术方面都很领先，但是它们最大的短板在于不具备行业领域的专业性，同时也缺乏评估。

比如，最早淘宝在 2009 年创立的淘花网，当时淘宝打造淘花网的时候，就是希望淘花网能够作为一个 B2C 的平台，向广大的个人用户提供与淘宝购物相同的一站式数字内容商品，其交易的对象涵盖了多个领域，包括网络文学、音乐、视频等，但最终不得不面临关闭的结局。

媒体内容产品的生产和评估不同于普通的标准化产品，它有自身的特殊性，它既具有物质产品的属性，也具有精神产品的属性。而且媒体内容的评估是一门高度专业的课题，在国内外已经有了上百年的时间积累、学术探索和机构实践。不同种类的内容产品、不同阶段的内容产品，在评估方法上、交易估值方面都不相同。这些都是互联网机构目前还无法驾驭的。没有评估支撑的交易很难达成，也很难持续，这也是淘花网这类即使在互联网交易方面非常有经验的平台失败并最终关闭的原因。

第二节 技术基础：日益成熟的大数据产业为评估体系提供了现实可能

评估产品本身就是被不断发展的数字技术推动而不断演进的，数字技术带来了数据环境的变化和评估手段的更新（见图 1.1）。

而随着互联网、移动互联网的广泛应用，大数据逐渐成为趋势。大数据概念的出现，对于内容评估产品的发展提出了新挑战——评估产品必须要能够适应大数据环境，并在大数据环境下进行相应的变革；同时，大数据产业的逐渐成熟，也为评估产品的发展提供了条件。在一个成熟的大数据产业的支持下，建构一个基于全媒体大数据的内容评估系统才成为可能。

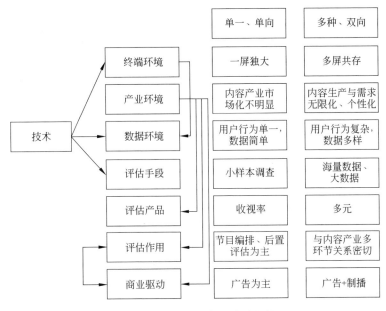

图 1.1　内容评估产品演进逻辑

一、数字技术始终是内容评估发展的驱动力

总结上文内容评估发展的三个阶段,其实可以发现这样的规律:内容评估﹝是要基于用户行为,并采用与此相匹配的技术手段;而用户行为的变化,又源于媒介形态的沿革。

笔者以为,可以从以下三个层面来解析技术对于评估的推动力。

首先,数字技术催生了新的终端和新的渠道,包括数字电视、PC、手机、有线网、电信网、虚拟的互联网。而正是由于新终端、新渠道的出现,打破了电视一屏独大的格局,刺激了用户对内容的需求,又进而倒逼内容产业加快制、播分离,推动内容工业化生产、播出。在这种产业环境下,制、播方都必须重视和学会利用数据,于是全媒体、全流程评估的需求诞生了。

其次,在新终端下用户行为发生变化,进而带来数据环境的变化。① 在传统的电视时代,对数据的定义也就是用户在频道间的切换,而数字时代,视频、新闻、社交、电商、文学、游戏——原有的线下活动纷纷转成了线上行为。用户不止在网上观看视频,还会阅读与影视剧相关联的文学作品、浏览娱乐

---

① 　王薇,吴殿义.内容评估"发展观".广告大观(媒介版),2016(2).

新闻、购买所谓的明星爆款、下载衍生游戏、在社区进行讨论和互动。

这就意味着,可能的用户数据来源不只有视频网站,还包含新闻、文学、电商等多类型的应用,产生的动作包含了点击、分享、评论、检索,数据的类型、格式、体量亦与此前不同。

最终,在新的数据环境中,新的评估产品应运而生。在这种数据环境的变化下,传统的评估手段就必须要随之变革。在 PC 及移动终端以及互联网电视上使用的 cookie、API、SDK 等方式,即是对这种情况的因应(如图 1.2)。

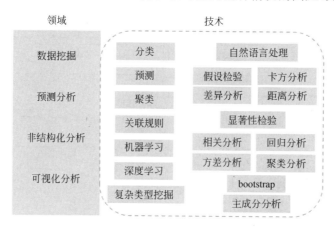

图 1.2 大数据领域的分析细分门类及技术

在新终端的背景下,用户跨屏是数据环境的另一大变化。一屏时代,用户的所有行为通过测量仪即可获得。而在多屏时代,用户在电视、PC、手机之间跳转,任何一张屏幕都无法完全映射出用户的喜好、态度,必须要整合三张屏幕的数据,才能够准确获知内容在用户端的接受情况。因此,跨屏产品成为当下业界的热门。

从根本上讲,评估的演进,是技术引发的多米诺效应。

表 1.2 不同终端的数据监测技术

终端	用户行为	监测数据	技术手段(举例)	技术特点
传统电视	收看	传统收视率	日记卡、测量仪	
数字电视	点播、回看	数字电视收视率	回路数据测量	通过数字机顶盒,实时记录全网所有电视家庭户的频道及广告收视、电视互动服务使用的情况,并回传至服务器端,从而形成实时的海量数据流①

---

① 王薇.尼尔森网联,带领电视进入大数据时代.广告大观(媒介版),2012(9):48~49.

终端	用户行为	监测数据	技术手段（举例）	技术特点
PC	搜索、分享、购物、视频……	用户行为数据	Cookie/API/SDK（多用于广告监测）	Cookie 是一种能够让网站 Web 服务器把少量数据储存到客户端的硬盘或内存里，或是从客户端的硬盘里读取数据的一种技术。[①] 在用户浏览网站时，Web 服务器的 CGI 脚本会创建一个文本文件并将其存储在用户浏览器客户端的计算机上，即为 cookie 文件，文件格式为：用户名@网站地址[数字].txt。[②] Cookie 文件能够记录与用户相关的信息，如用户账号、历史浏览网页、在网页上的停留时间、访问站点次数等，当用户再次访问某一网站时，浏览器就可以读取该文件信息并传递给相应站点
手机	聊天、购物、休闲……	用户行为	SDK（多用于广告监测）	根据投放管理模块传递的参数，按照监测参数配置文档，在提供监测 URL 后拼接 SDK 额外获取的参数（如 OpenUDID，机型和操作系统、屏幕分辨率、加密的 MAC 地址等参数），向第三方监测系统服务器提交监测请求。 通用监测 SDK 中的签名模块对监测 URL 进行签名校验。通用监测 SDK 根据输入 URL 生成签名校验串并拼接在 URL 尾部发送到监测系统，监测公司在服务器端反解签名串进行校验

数据来源：根据公开资料综合整理

二、大数据产业的发展日趋成熟

随着数据环境的变化，越来越多的企业注意到大数据的市场价值，并逐渐从各个领域发力。目前，无论在国内还是国外，大数据产业都已经形成了较为完备的产业链条，各个环节都有具代表性的企业，并且开始在实际应用中落地，包括传媒产业也出现了一些有代表性的大数据应用。正是大数据产业开始逐渐落地形成链条，才从各个环节为基于大数据的内容评估模型建构提供了现实基础和可能性。

根据 IDC 的报告显示，全球大数据市场规模年增长率达 40%，在 2017 年

---

① 胡畔，钟央，凌力.一种新的基于 cookie 的互联网个性化推荐系统设计.微型电脑应用，2013，29（9）：44～47.

② 胡忠望，刘卫东.Cookie 应用与个人信息安全研究.计算机应用与软件，2007，24(3)：50～53.

收入将达 530 亿美元。其中,"大数据技术及服务市场复合年增长率(CAGR)将达 31.7%,2016 年收入将达 238 亿美元,其增速约为信息通信技术(ICT)市场整体增速的 7 倍之多"。①

在产业结构上,与传统的数据处理相似,大数据同样涵盖了数据从获取、存储、分析、应用等各个环节,由于数据体量发生变化,在每个环节都产生了与传统数据处理所不同的技术手段。而大数据的产业链就由能够对数据产生影响的各个环节共同构成。

对于大数据产业链条的划分当前有多种版本,而彭博社发布的研究报告中将链条分为数据源类、基础设施类、分析类、应用类、跨基础设施类和开源项目类 6 部分,但跨基础设施类与开源项目类,从产业角色的角度看,可以归入基础设施和分析这两个类别中,因此,在本研究中,将大数据产业链条分为4 部分,它们分别是:数据源类、基础设施类、分析类、应用类。每一部分链条的发展都为评估模型的建构起到了作用。

**(一)数据源(Datasources):多样、开放,为评估模型的建构提供
    充分数据**

与传统数据分析相比,大数据在数据来源上存在较大的差异:强调对外部数据的获取,而并非仅仅使用自身平台所产生的数据。也即数据能够离开其产生的平台,为其他行业所获取和使用。例如,社交媒体数据开放给各个行业,能够帮助企业进行精准营销;电商数据与物流数据相结合,可以实现对经济运行情况的宏观和微观描绘;金融数据与电商数据结合,可以实现对个人和小微企业的信用评估。

在数据源这一链条内的企业,本身平台上沉淀、产生了大量数据,对外通过免费开放或者付费的形式输出,同时也包括从事数据交易的企业。数据源链条上的企业实现了数据的采集和基本的整理,能够让数据需求方更为便捷地获得自己所需的数据资源。例如,新浪微博就设计了多个层级开放的 API,供各行业客户使用。在传媒领域,对外部数据的获取和使用也已经逐渐成为趋势。如尼尔森和 Twitter 联合推出的 Twitter 收视率,本身就可以视为是对自身收视数据之外的其他数据的获取和再加工,而 Twitter 在这一案例中,即是数据源企业。

目前,在国内外均有相关的专门机构进行数据的输出和整理。与国外相比,国内数据源的企业多处于对数据进行简单整合销售的阶段,尚不能

---

① IDC. 大数据市场强劲增长. 通讯世界,2013(7).

够针对需求进行数据的筛选和针对性服务。在传媒领域已有一些数据调研公司,如克顿传媒收集的电影方面数据等体量较为可观,但开放性较差。

总体上讲,笔者所建构的内容评估模型建立在多样的数据源基础之上,但基于内容评估模型设计的原则和数据特征,需要对数据源提供的数据进行处理后才能真正进入分析流程。

表 1.3 国内外数据源类代表企业/产品

产业链条	代表企业/产品	企业/产品概况
数据源类(国外)	Bloomberg	采集并整合金融相关数据,然后提供给金融机构
	安客诚	通过聚合超市、药店、专卖店等企业的客户数据,经过加工之后转卖给所需的企业
	Bluekai	搜集并出售客户的上网行为数据,主要提供给广告业客户
	Infochimps	定位于各类数据的交易平台,尤其是地理位置、社交网络、网络信息等方面的数据
	昆士兰公交公司	公交乘客用随身应用采集信息(如公车到站时间等),提升市民的通勤效率,2011 年已经可以做到通知下一班车的到站时间
数据源类(国内)	中关村数海大数据交易平台	是国内首个面向数据交易的产业组织,该交易平台面向政府、科研机构、企业、个人等开放,用户可以通过 API 完成数据的录入、调用、检索等操作。[1]
	淘宝、百度、腾讯等大型互联网平台	基于自身的业务数据,分别推出了数据开放平台,开放各自在电商、搜索和社交方面的部分数据
	克顿传媒	建立了影视剧行业数据库,收录自 1997 年以来近万部电视剧的收视评估情况、国内主要制作班底以及近万名主创人员的信息
	猫眼电影	基于在线售票和在线选座业务,积累了观众的性别、年龄、地域分布和观影时间等各类数据,以及影片的真实上座数据
	粤科软件	作为中国影院市场的主要系统供应商,掌握最为底层的票房数据,并为各类在线选座服务提供支持,该公司 2015 年 4 月被阿里影业以 8.3 亿元收购

---

[1] 李留宇.中关村启动中国首个大数据交易平台.国际融资,2014(3):80.

（二）基础设施类（Infrastructure）：成熟、可得，为评估模型提供底层支持

大数据涵盖的数据类型包括传统的结构化数据，而音视频、图片、文本、网页等半结构化、非结构化数据占据的比例更加庞大，且数据呈指数级增长。这样的数据特征对基础设施提出了以下新的要求。

（1）实时性：基础设施要能够处理实时数据，具备支撑实时涌入的海量数据的能力。

（2）可扩展性：基础设施要能够以较低的时间和金钱成本及时扩容。

（3）数据结构适应性：能够适应各种类型的数据，为非结构化、半结构化数据的存储、处理提供便捷条件。

在这一链条中的企业主要提供大数据的存储和管理，包括各类新型的非结构化、半结构化数据库（NoSQL、NewSQL、MPP 和图数据库）、云计算服务公司（如亚马逊 AWS、阿里云）、存储管理/监控产品的供应商，等等（见表1.4）。

表1.4　国内外基础设施类代表企业/产品

产业链条	代表企业/产品	企业/产品概况
基础设施类（国外）	Neo4J	图形数据库，将结构化数据以图结构进行存储，具备完全的事物特性
	Hadoop	起源于雅虎公司，是当前主流的大数据存储和处理平台，实现了分布式的计算框架 MapReduce 和文件存储系统 HDFS
	Spark	诞生于加州伯克利大学 AMP 实验室，是新一代大数据分布式处理框架，以高效的内存计算著称，逐渐成为大数据处理环节的主流平台。
	MongoDB	由 10gen 公司开发，著名的分布式 NoSQL 数据库，由于功能丰富，在使用方面最接近关系数据库
	Mahout	数据挖掘工具，起源于 Apache 基金会，实现了一个分布式机器学习算法的集合
	Storm	由推特开发的大数据流式分析解决方案，在接收数据的同时就进行计算和分析，具备一定的故障处理能力
	Solr	起源于 ApacheLucene 项目的开源企业搜索平台，功能包括全文检索、命中标示和分面搜索等
	Cloudera	基于 Hadoop 的产品与解决方案提供商
	MapR	基于 Hadoop 的产品与解决方案提供商，用自身文件系统取代 HDFS，实现高速、镜像、快照等功能

续表

产业链条	代表企业/产品	企业/产品概况
基础设施类(国外)	IBM	在 DB2 中集成了 BLU 技术、列式优化和并行向量处理等技术,以内存计算大幅提升数据分析效率。在基础平台方面,为 Hadoop 平台提供支持,同时有针对性地对 GPFS 文件系统进行了改造
	微软	推出了基于 Hadoop 的大数据处理组件,实现了 SQLServer 与 Hadoop 的连接;推出 LINQPack、Project "Daytona" 以及 ExcelDataScope,让用户可以在 WindowsAzure 云上进行大数据分析,2015 年年初,微软收购 R 语言的商业版提供商 RevolutionAnalytics,加强了数据分析方面的能力建设
	惠普	推出了针对 Hadoop 平台优化的 AppSystemforApacheHadoop,提供包括底层硬件、Hadoop 和实时数据分析的一体式解决方案
基础设施类(国内)	阿里	推出阿里云服务,为社会各类机构、个人提供云存储服务
	七牛	推出针对图片、视频等的云服务技术
	华为	推出平台级的大数据分析方案
	用友软件	提供企业云服务,包括供应链、项目管理等的在线实施
	美林数据	商业智能分析,为客户提供决策支持,针对业务、运维和客户进行分析
	Face++	人脸识别技术方案提供商
	面包旅行	对图片信息(主要是风景类图片)进行结构化识别和处理
	灵聚信息	智能人工搜索引擎——主要针对语音识别领域
	深圳祥云信息科技	融合神经网络与复杂事务处理技术,主要对股票交易市场进行深度挖掘和分析

当前传媒领域已经开始广泛地应用大数据基础设施,将传统的本地服务转移到云端,同时,面对数据类型和数据量剧烈变化的现实情况,对自身的数据库结构也进行了调整,例如,芒果 TV 与阿里云的合作即为此例。

内容评估模型的落地中同样需要大数据相关基础设施的支持,以实现弹性运算和弹性资源调度,实现以较低的设施成本达到较好的运算速度和效率,而且数据的安全性也较高。

(三)分析(Analytics):丰富的技术手段为评估模型提供多种选择

基础设施环节的完善,为大数据的分析提供了可能性。当快速增长、类型多元的数据能够被合理存储,其运算和分析就可以稳定运行。与传统数据比较,大数据的分析同样是一大挑战。目前,大数据领域的分析技术包括数据挖掘、预测性分析、非结构化数据的提取和分析、可视化交互等(见图1.2)。

总体来看,大数据的分析综合了传统统计学、计算机科学、语言学等多个技术,如统计学的卡方分析、方差分析,计算机科学领域图形图像处理、机器学习,语言学领域的语法结构等。未来,大数据分析还将不断吸纳更多学科的成果,为不同行业提供针对性的分析服务。

当前市场上的内容评估产品,有部分已经在使用数据挖掘的技术,如新浪微博推出的微博指数就可以对微博用户关注的明星、电视剧、电影等进行文本层面的简单挖掘和用户特征的关联统计、分析。但目前内容评估产品对数据挖掘技术的应用较为简单,一方面,缺少对数据挖掘技术的综合整理、判断和选择;另一方面,也未能够针对内容评估的需求、特点、数据特征对相关的技术进行适配。而笔者所建构的评估模型,在数据挖掘技术的选择、应用上则有一定的突破。

表 1.5　国内外分析类代表企业/产品

产业链条	代表企业/产品	企业/产品概况
分析类	甲骨文	宣布收购 EndecaTechnologies,为企业用户提供非结构化数据的搜索和管理服务
	SAP	推出了 Hana 平台,能够对非结构化数据进行高速分析,是大数据内存计算的代表性技术之一
	Google	推出企业级大数据分析云服务 BigQuery,用来在云端处理大数据,帮助企业在云平台上分析数据、构建应用和分享服务
	RetailNext	基于店内的摄像头、Wi-Fi 和其他探测设备所采集的数据,用热图显示顾客在商店内的实际行走模式,超市或零售店家可以据此来摆放货物或评估促销活动的实际效果
	Domo	为企业整合多源头数据并以高度可视化的形式呈现出来,为管理人员的决策提供支持,估值高达 20 亿美元
	Affectiva	专注于人脸表情识别,被商业媒体评为发展最快的创业公司之一。2012 年美国总统竞选期间,Affectiva 通过分析人们在观看总统大选辩论时的面部表情,最终判断出了选民投票结果,判断准确率达到 73%。①

---

① 走进全球最牛的"读心"创业公司 Affectiva. http://www.lieyunwang.com/archives/76868.

（四）应用（Application）：多样的传媒领域应用为评估模型提供思路借鉴

在数据应用这一链条上，并没有专门的企业，各个行业都可视为某一环节的参与者。随着大数据的数据源、基础设施、分析技术的成熟，各行业都逐渐拥有了应用大数据的条件和能力，并有成功的实践案例（见表1.6）。

表 1.6 国内外应用类代表企业/产品

产业链条	代表企业/产品	企业/产品概况
应用类（国外）	沃尔玛	利用全球各分店产生的海量数据，结合气象信息、经济和人口数据等，对货架、定价、库存和促销进行优化。例如，通过数据分析及时指导库存调整，将一些店面的业绩提升了40%；同时，其40%以上交易是靠个性推荐转化而成的。沃尔玛在2013年6月收购了大数据预测公司Inkiru，以此获得所需的分析人才、技术和平台
	梅西百货	基于Hadoop平台，综合运用R、Impala、SAS、Vertica和Tableau等各类分析工具，开发机器学习算法，对企业数据进行分析，提升客户认知水平和个性化推荐的精度
	德温特资本市场公司	对3.4亿社交媒体用户的留言进行情感分析，以大众情绪为指引来决定股票买卖时机
	英国对冲基金Derwent Capital Markets	专门建立了一支对冲基金，通过分析Twitter的数据内容来感知市场情绪，指导投资策略。在首月的交易中以1.85%的收益率超过0.76%的市场平均业绩
	万事达（Mastercard）公司	通过大量的数据清洗工作，整合了全球19亿张信用卡和3 200万商家客户信息，基于MuSigma公司的技术进行欺诈识别和客户洞察分析。
	Zestfinace	突破了传统征信的FICO征信模型，主要是将用户的搬家、电话、联系、水电等线下信息纳入征信模型中，描述每个用户的变量可达1 000个以上
	Netflix	基于其广大的影视租赁用户群数据，通过偏好分析，搭建了《纸牌屋》的主创班底，成为大数据应用的早期经典案例
	Rentrak	机顶盒为其数据来源，能够监测受众对各屏幕上内容的使用情况，从而为内容制作机构和营销机构提供数据服务
	United Talent Agency	通过Twitter、YouTube、Tumblr、Facebook、Instagram和电影类博客等渠道获取数据，评估电影受欢迎的程度，为20世纪福克斯公司和索尼影业等巨头提供咨询服务
	Pandora、Rithm、Spotify	通过对客户的音乐偏好分析，为消费者提供个性化推荐服务

续表

产业链条	代表企业/产品	企业/产品概况
应用类（国内）	QQ音乐等音乐APP	基于用户的播放习惯,推送个性化歌单
	优土	推出视频指数,根据用户点击等行为,衡量内容的全网播放情况并进行综合分析
	酷云互动	基于用户的互联网电视收视行为,推出大数据产品EYE Pro
	阿里妈妈等程序化购买平台	通过对用户在不同网站的浏览行为,给用户打标签,实现广告毫秒级的精准投放

仅以传媒领域为例,在影视娱乐、广告营销等方向上,都在利用大数据进行新业务的拓展。应用的方向包括影视票房预测、内容推荐、精准营销等。

例如,传统电影行业积累了大量的票房、从业人员资料等数据,在大数据出现之前,行业内已经在使用简单的数据分析进行选角、预测等。而随着大量文本、音视频、图片数据的产生,通过对这些新型数据的挖掘,更深层次地洞察用户成为可能。结合更有时效性的票房数据、社交媒体讨论等,能够分析出不同人群对不同类型内容的偏好,实现对主创班底的评估和电影的精准发行,有效降低影视投资中的高风险。这其实正是内容评估对大数据的应用。

但是目前传媒领域对于大数据的应用还较为浅层,尚未看到综合各类型数据、结合数据挖掘技术进行内容评估的典范。

第三节 本 章 小 结

由于数字技术的推动,新终端不断出现,进而带来了传统电视一屏独大格局的深刻变革,引发了一系列的连锁反应:新终端出现,渠道多元化、海量化,受众日益分散,而对内容的需求同时日趋膨胀和多样,这就为内容生产提供了良好的条件,越来越多的生产机构市场化、独立化了。传统广电的稀缺性、垄断性被打破,开始着力谋求数字化转型,而互联网企业、电信运营商都在发力媒体业务,试图切入内容领域,占据内容产业的高地。

在这样一个分散的、急剧变化的内容市场中,内核实际上仍然是内容,表面的去中心化背后,其实可以看到受众的关注度依然会被优质内容所吸引,然而目前内容产业的盈利模式却依然是广告收入为主,内容并不能够体现其应有的价值。追根溯源，在于缺乏一个有效的市场交易机制。目前的内容市场上有 4 种交易模式在同时运行，并出现了从线下到线上、从封闭到开放、从粗放到精细的趋势，然而这 4 种交易模式存在致命的短板，即不能实现对内容版权进行科学的价值评估。事实上，不止在内容交易环节有此缺失，在整个投资、制作、播出环节，当前的内容评估产品都不能跟上内容市场的变化节奏。

之所以如此，在于数据环境已经发生了深刻的变革。一方面，多屏、多平台的现实中受众成为用户，行为碎片化，产生的数据结构与此前不同，数据来源、样态亦有变化，当前的评估产品并不能够适应这种变化，因此，也就不能产出科学、合理的评估结果，此为现实挑战；而另一方面，大数据概念被提出，大数据产业日益成熟，从数据源、数据基础设施、数据分析，到相关的应用及开源项目都不断出现，并且在传媒领域获得了较多的应用，尤其在海外出现了有代表性的案例，这又为新的内容评估产品的诞生提供了现实条件和启发。

第二章

全媒体大数据内容评估体系的模型建构

基于大数据的全媒体内容评估体系,是在借鉴了行业已经成熟的数据规则基础上结合当前跨屏、大数据等现实情况综合建构而成。而在建构中,又在内容银行里进行了实际的落地实验,在实验中的发现亦影响了整个模型的建构过程。笔者将整个模型建构的思想、实践经验一并总结其中。

第一节 基于全媒体大数据的内容评估模型的原则

在上文中,笔者已经梳理了国内外的内容评估产品发展现状,并提出了几个关键问题。作为内容产业的一种基础,内容评估的缺位无疑会给内容产业的健康发展带来不良影响。因此,有必要从顶层重新架构、设计一套新的内容评估体系,对这一体系,笔者提出了四点原则。

一、满足内容产业全流程评估的需求

一般意义上,对内容的供需双方而言,不同角色位于产业链不同的环节,因此对内容价值评估的视角和需求也是不同的。

例如,艺恩咨询在 2011 年推出并一直在运转的影片投资模型就是专门基于影片投资风险评估所推出的,而该模型围绕影片投资进行了多种维度的设计。

2011 年 5 月,艺恩咨询在北京电影投资沙龙上发布了 EMIF 影片投资评估模型。该模型主要"基于影片的历史票房数据以及院线过往的排片情况,能够对不同类型的影片分析计算出投资回报率,辅以有针对性的目标观众调研,结合影片制作和宣发公司的运营能力,建立起一套具有可行性的电影投资风险评估工具,帮助电影行业进行投融资预估"。[①]

---

① 艺恩咨询建立影片投资评估模型. http://finance.ifeng.com/roll/20110508/3995559.shtml.

EMIF 评估模型的具体用途包括：根据商业计划书以相近类型题材影片作为参考，明确项目定位；以商业类型片核心影响因素从创意制作、营销发行计划、财务管理及回报预期等层面评估项目投资前景；基于票房影响核心因素结合评估结果提供需改善环节以及票房收入提升建议；基于建议的投资模式测算票房区间、其他渠道总收入及投资回报率，确定影片投资规模；结合投资目的与风险的承受能力提供投资建议及具体的投资模式；协助投资方推荐影片财务审计及项目执行监督环节合适的合作伙伴等。

而在笔者所建构的内容评估体系中，所涵盖的范围更加广泛。

如果我们考量整个内容的生产、消费流程，可以发现：内容大体上需要顺次经历"策划/模式—投资/具体方案—制作—发行/编播—优化/播后"这一系列流程和发展阶段。在这一过程中，买卖双方不断变化，评估的对象涵盖了包括剧本、团队（演职人员等）、样片、成片等多种类型，与此对应的评估数据、维度亦在不断变化。通过对这些需求进行梳理，可以提取出共性的评估需求，并进行设计。

在策划/模式阶段，买方需要评估市场上已有的各类型内容产品的用户喜好度、观看情况等，确定自身的定位，同时亦需要综合考察市场上的剧本、内容模式等，包括剧本、模式中的元素（如网络小说的主角特征）在用户中的口碑，决定是否进行原始版权的采购、改编；与此同时，投资机构会基于自身对资本市场、相关内容产品投资回报等专业化的角度进行评估，在这一过程中也会参考相应的公开数据产品以支持决策；在具体方案的设定、制作过程中，其实是综合了艺术和科学的过程，考量的是制作人员的想象力和创造力，如《奔跑吧，兄弟》《我是歌手》《中国好声音》等节目的元素（指压板、歌手配置、转椅等）、情节设置，在这时候，制作团队的实力可以通过其过往作品等方式进行考察，而制作者也可以利用数据去发现、挖掘可能出现在节目中的元素和情节；在发行环节，则要综合考量播出平台的实力、观众构成等要素；内容播出后，进入播后评估阶段，在这一阶段，一方面要重视观众的收视行为，另一方面，观众通过社交网络反馈出的文本等内容亦值得重视和挖掘。现在内容（如常态化的节目、周播剧等）的制播往往是伴随观众的反馈而实时调整的，因此，在播出过程中亦要时刻留心观众的多方反馈（见表 2.1）。

表 2.1　内容产业全流程评估需求

序号	生产环节	评估对象	评 估 需 求	相对应的数据需求
1	策划/模式	剧本、节目模式等（包括剧作者、剧本及模式中的元素等）	从专业角度评估剧本质量；以客观数据看原创小说的接受度、口碑、人群分布；类似内容的竞品分析	专业人员评估数据；网络口碑、人群分布、阅读量等数据；竞品数据
2	投资/具体方案	综合考量相关机构、主创、模式等多个要素	从投资回报率等金融角度进行评估；从数据上客观查看相应团队、机构等的质量；进行相关内容的评估和市场测量	专业人员评估数据；团队、机构的表现数据；其他客观数据，如作品的口碑、收视等
3	制作	具体设计元素、情节，以数据支持创作	从制作角度考量制作中的设计质量，追踪竞品的设定情况	专业人员评估数据；同类内容产品的各类客观数据
4	发行/编播	选择播出平台，制定发行策略及编播方案	从专业角度考量播出平台的情况；考核相应的受众契合度，其他内容在平台上的播出情况等	专业人员评估数据；其他平台上内容的播后数据；平台受众数据等
5	优化/播后	受众对内容的反馈	在制作过程中随时根据专家意见和受众反馈进行调整；播出后综合汇集受众的反馈，包括收视行为、社交行为等	专业人员评估数据；各类平台上内容的播出数据；社交平台上用户的社交数据等

二、与内容生产相关各要素的价值评估要计入内容评估体系中

笔者在开篇即提到，内容生产是一个综合各种要素的复杂过程，而每一个要素的选择都会影响到最终内容产品的表现。因此，内容评估不只是对内容最终成品的评估，也包含了对相关要素的评价过程，如对剧本、主创团队等。在笔者试图建构的内容评估体系中，就希望能够综合利用各类数据实现对内容以及内容相关要素的全面价值评估。

笔者将与内容生产相关的要素分为以下几个类型：剧本/模式；机构/公司；导演/制片等制作团队；主持/嘉宾/演员等台前团队；宣传/发行团队（见表 2.2）。

表2.2　内容要素评估需求及相关产品

内容相关的要素	评 估 要 求	当前市场上的评估产品
剧本/模式	评估其在观众中的接受情况	克顿传媒剧本评估：纯人工评价,不能采集对当下热门IP等的数据反馈
机构/公司	评价其过往作品的表现、稳定性等	暂无
导演/制片等制作团队	评价其综合实力、擅长类型等	百度指数、微博指数等,从普通用户角度考量,未按照其作品进行关联评价
主持/嘉宾/演员等台前团队	评价其观众口碑、粉丝人群、过往表现等	百度指数、微博指数等,从普通用户角度考量,未按照其作品进行关联评价
宣传/发行团队	评价其综合实力等	暂无

其中,对剧本/模式,应该评估其在观众中的接受情况。如笔者在前文第二章中进行的综合整理,即提到好莱坞在电影制作之前对剧本要进行多轮的评估和修改,而美国在电视剧的制作中,编剧也会实时根据反馈进行剧情调整。在这方面,国内克顿传媒宣称进行了相应的产品开发,在笔者之前对吴涛的采访中,他表示这一评估主要通过人员经验完成。笔者认为,经验评估是重要的一面,同时,在当前,对各类IP的发现、改编成为热潮,亦不乏有热门IP投入巨大,产出不良。因此,对于这些IP的客观数据评价亦应该列入其中。

对机构/公司的评估,在于建立一个业内相关机构的客观评价体系,通过过往参与作品的表现,衡量一家内容产业相关机构的综合实力。

对导演/制片等制作团队的评估,亦是评价其综合实力、擅长类型等。目前,内容生产已经碎片化,门槛大大降低,与以往内容制作只掌握在少数几家机构的情况发生了非常大的变化。与此同时,大量的制作团队制作的内容发布在网络上,有广泛的数据可支撑起综合评价。目前仅有百度、微博等指数对著名的制作人、导演等进行了受众层面的数据评价;一方面,未按照其作品表现进行关联的综合评价;另一方面,也未能从专业角度给予评价。

对主持/嘉宾/演员等台前团队的评估,主要从观众口碑、粉丝人群、过往表现等几个方面进行。在粉丝经济的背景下,各个电视剧、节目、电影拼抢大牌明星已经成为一个潮流,往往制作中最大的支出是片酬,因此风险都压在了选角是否明智、合适上。有时一些粉丝较多的一线明星,却往往是票房毒药、收视毒药,而普通演员却能够为内容产品增添光彩。目前围绕明星有多种数据来源,但较多的是从粉丝角度产生的零散数据,因此需要进行综合整理,并结合业内人士的意见形成客观的评价。

三、利用大数据,结合主观经验评估

考虑到整个内容评估体系标准化的要求,客观数据是能够以同样的准则衡量内容价值的;而主观经验评估则可以弥补客观数据评估在多个方面的不足。

第一,内容作为一种文化商品,其价值本身具有很大的不确定性。在版权交易中,内容产品是一种客观商品,买卖双方以一定的货币完成交易。然而,与实物类商品不同之处在于,虽然内容产品也会在一定程度上受到供求、市场大环境、历史参照数据的作用,但内容产品同时具有精神文化层面的属性,其生产非流水线作业,而是全部"手工"和"定制"。这些精神文化层面的属性,不能完全通过受众数据所反馈出来。如在节目中启用小众、非主流的嘉宾,而非一线明星,但却能获得成功,这所凭借的就是经验了。

第二,当前的数据环境本身有价值,但同时却存在多种问题。如笔者在上文提到,当前的大数据一方面类型多元、多样,涵盖网络用户方方面面的行为,但其并不能涵盖所有的用户人群,亦不能囊括网络用户的所有行为,同时,也很难反映用户真实的情感倾向和好感度。此外,数据海量的同时,虚假、杂乱无用的数据也是海量的,而技术层面及相应的合作层面上,无法完全清除这些无用数据。

第三,当前数据挖掘的技术亦不能做到百分之百准确,尤其对中文语言的处理,尚且存在众多的难题待解。因此,大数据要用,但不能完全依赖大数据,而可以将其作为手段之一。

所以,在内容评估模型的建构中,总体采用了客观大数据+主观经验评估的方式,以实现评估结果的准确、科学和理性。

(一)客观评估

在其他商品的评估中,客观指标能够反映其价值因素,如物理性状、质量、市场供需、利润等实际存在的数据共同构成了客观指标。在视频类内容的评估中,同样有客观、实际存在的数据,是必须要被运用到评估体系中去的。例如,该内容的主创、内容情节和模式、在市场上的受众反馈等。

以辛迪加节目公司为例,它们在推介内容时,都会提供一份关于内容客观信息的描述。比如,内容属于辛迪加的哪个发行级别,是网下辛迪加还是首播辛迪加;再比如,内容的主要情节,以及主演名单、主持人,或者主要参与

者都有谁等。这些基本信息对电视台的购买者而言,是一组客观信息,电视台购买者的后续角色必须以这些客观信息为基础才能展开。视频内容评估体系首先不能脱离这些客观指标。

（二）主观评估

与此同时,一些非供求的主观因素也要加入价值评估中来。比如,大宗商品价值评估的政治政策因素、经济周期因素、金融货币因素;珠宝的品牌价值和名人效应因素;艺术品的评估师评估数据;品牌评估专家小组所确定的品牌强度系数等都是主观的因素,可体现人为作用对价值评估的修正、操控。在内容评估中,同样加入了主观的评估部分,由业内专家和普通大众组成的样本库完成,从不同的角度对内容给出评价。

而主观评估并非是凭空臆断、空穴来风,而是专业人士通过长期的行业经验形成的行业判断和直觉,以及大众用户在科学的调研方法中透露出的喜好度、倾向性等情感,是在客观数据、真实存在的基础上进行的。

因此,全媒体内容评估系统能够将内容的客观评估和主观的二次评估两个环节相统一。

四、充分挖掘数据价值,实现定量与定性结合

按照内容评估研究方法的不同,内容银行的内容评估分为定量评估和定性评估两类。

（一）定量评估

量化的评估数据一部分来源于平台自己采集,一部分来源于系统在互联网上的抓取,还有一部分采用和相关数据提供机构进行数据对接。通过这些评估数据在内容银行内容评估平台的逐渐汇聚、沉淀,内容银行内容评估将形成一个庞大的数据库。

（二）定性评估

作为特殊的精神产品,媒体视频内容的评估不可能做到完全量化。内容银行内容评估平台在基于数据仓库定量评估的基础上,也加入了定性评估的元素。

需要强调的是,这些定性评估的相关信息和内容呈现并不仅仅是定量评估的重要补充。相反,笔者认为这些定性的评估在信息性、实用性方面比定量评估的分数更为重要,通过这些定性的评估,能够真正地帮助内容生产、交易、营销、投资者了解内容的独特性,看到别人看不到的内容,获取内容更为详细的信息。这也是内容银行之所以称之为内容银行，之所以是内容信息汇聚平台的重要因素。

第二节　基于全媒体大数据的视频内容评估模型建构

综合图 2.1 评估模型的要求和分类，可以总结如下。

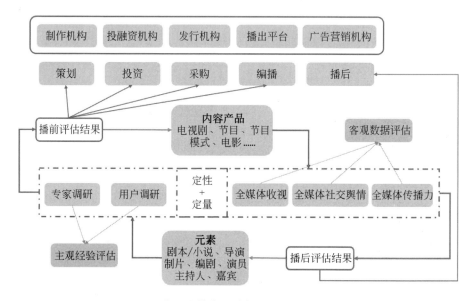

图 2.1　基于全媒体大数据的视频内容评估模型

全媒体大数据的内容评估模型要能够适配整个内容生产全流程的需求，为产业链上的各类机构提供参考；既能够实现对内容产品的评估，也能够实现对内容相关元素的评价；既有播前的预测，还有播后的综合评估；既有客观数据所得出的结论，也有人员根据经验作出的主观判断；既对所有的数据进行数值、定量的解读，也有定性的数据分析。

一、内容评估体系由 5 个模块组成

整合这些要求，笔者设计了如图 2.2 所示的模型。

总体来说，包括全媒体收视、全媒体传播力、全媒体社交舆情、专家调研、用户调研 5 个模块。其中全媒体收视、全媒体传播力、全媒体社交舆情三个模块属于客观数据评估，专家调研、用户调研属于主观经验评估。通过对内容

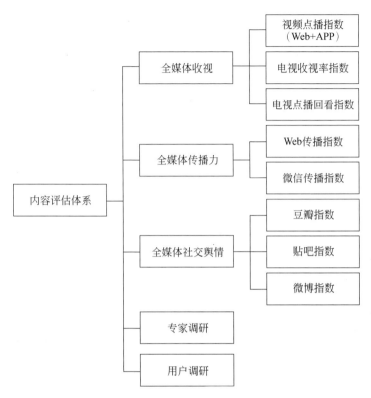

图 2.2　内容评估模型具体模块构建

播后评估形成的数据,会与相关元素形成关联;而对元素也可单独进行评估,并为播前评估提供支持。

其中,全媒体收视模块聚焦与内容频道收视、点播、点击浏览相关的收视评价;全媒体社交舆情模块主要是社交平台上用户对内容的评价和舆论传播情况;全媒体传播模块则从不同类型、不同属性的媒体对内容的报道和关注的角度进行评估;专家调研模块是根据不同的内容类型和评估目标,从专家资源库中遴选专家进行的人员经验评估;用户调研模块则是建构样本库,选择样本进行用户调研。

这 5 个模块整合在一起,构成统一的评估系统。既可以独立使用,又可以综合起来对内容形成全面的评价,同时也能够针对不同的评估对象、阶段进行不同的组合设计和应用。

目前,业内在内容评估实践中,都是对这 5 个模块的分拆使用。例如,各个视频网站推出单独的收视指数、央视结合收视数据与专家、用户调研等对栏目进行测评,索福瑞与新浪微博合作推出的微博收视率则是对社交舆情模块的应用。但笔者所建构的 5 个模块,在每个模块中所使用的方法与现有的评估实践均有所不同,模块内部及模块间的权重亦有创新之处。

下面,笔者就从模块的界定和价值两个层面对这 5 个模块进行阐述。

二、全媒体收视模块

在全媒体收视时代,媒体"一次生产,n 次分发"的战略已经深入人心,用户也同样可以轻易地通过电视频道、网络视频、OTT TV、数字电视、IPTV、手机电视、平板电脑进行内容消费和观看,电视已经不是唯一终端,越来越多的用户正在向新的渠道迁移。

通过对全媒体收视数据的监测和分析,能够了解内容在多个终端上的综合表现,得到相对客观、真实的评估结果。而这种评估,有助于帮助业界判断内容题材的趋势、走向,衡量导演、演员的实力,理解用户喜好的变迁等,从而提高内容质量,降低内容风险。

(一)全媒体收视模块的界定

"收视"一词,顾名思义即为收看视频。

在数字技术出现之前,电视作为唯一的视频终端,收视率就能够代表受众对内容的观看情况了。随着数字技术的推进,原本为电视终端独占的渠道已经被打破,各类视频内容可以通过包括 PC、手机、平板电脑等终端收看,而电视终端本身也越发智能化,能够接入有线网的同时也能接收宽带数据。从内容消费的角度来看,渠道多元化,信息接收终端的样态也越发多元。

因而我们在测量内容收视效果的过程中,不能局限于某一种终端的播放效果。电视、PC、手机,无论哪一屏的受众观看行为数据都不能反映真实情况,所以,面向全媒体的收视评估是一个必然趋势。

因此,笔者使用全媒体收视率这一模块,综合直播、数字电视点播、视频网站点击等行为数据,衡量受众在不同终端上观看视频的情况。

(二)设计全媒体收视模块的价值

将各个屏幕上内容的收视数据进行整合,客观描绘出内容受欢迎的程度,这就是全媒体收视模块最大的价值。

完整的收视数据才能够在最大程度上为视频内容产业的各个环节提供切实指导,包括判断内容题材的发展趋势从而指导投资制作、测量受众的反馈实时调整内容、评估相关营销的效果进行下一步的市场决策、帮助形成对演员、导演等水平的评价等。

因此,全媒体收视模块作为评估体系的第一个组成模块被提出。

三、全媒体社交舆情模块

在互联网技术带来的新媒体环境中,已经不存在纯粹的受众概念,所有人都可以进行主动传播,能够进行信息的索取、定制,而传者则可以进行有针对性地传输,传受的界限模糊。各类社交网站逐渐成为用户表达意见、进行讨论的平台,这些意见、讨论,能够对内容评估提供有价值的结论,因此,笔者设计了全媒体社交舆情模块。

（一）全媒体社交舆情模块的界定

目前,国内对舆情方面的研究较多,伴随互联网的兴起,网络舆情更成为备受关注的研究领域。

刘毅的《网络舆情研究概论》是国内在网络舆情研究理论方面早期的专著,在讨论到网络舆情基本概念时,给出了舆情的界定:舆情是由个人以及社会群体构成的公众在一定历史阶段和社会空间内,对自己关心或自身利益密切相关的各种公共事务所持有的多种情绪、意愿、态度和意见交错的总和。[①]刘毅在给出网络舆情界定之前还区别了"舆情信息"这一理解含混不清的概念,给出网络舆情的定义为:通过互联网表达和传播的各种不同情绪、态度及意见交错的总和。[②] 这一对网络舆情的界定在学界受到了较为广泛的认可。

在网络舆情分类方面,中共中央宣传部舆情信息局[③]分别按内容将网络舆情分为政治性网络舆情、经济性网络舆情、文化性网络舆情、社会性网络舆情和复合性网络舆情;按形成过程,分为自发网络舆情和自觉网络舆情。谢耘耕[④]按内容将舆情分为食品安全舆情、环境舆情、医疗业舆情、教育舆情、反腐倡廉舆情、官员人事任免舆情、交通舆情、涉警涉法舆情、企业及企业家舆情。人民网舆情频道案例库将舆情事件分为经济生活、社会民生、公共管理、司法事件、文化科教、群体事件、港台国际、地方形象、企业形象9大类。[⑤]

目前虽然没有对社交舆情的定义,但在实际运营中,较多企业通过对微

---

① 刘毅. 网络舆情研究概论. 天津:天津人民出版社,2007,90.
② 刘毅. 网络舆情研究概论. 天津:天津人民出版社,2007,90.
③ 中共中央宣传部舆情信息局. 网络舆情信息工作理论和实务. 北京:学习出版社,2009,9~12.
④ 谢耘耕. 中国社会舆情与危机管理报告. 北京:社会科学文献出版社,2012.
⑤ 人民网舆情监测室. 人民网舆情频道案例库[EB/OL]. http://yq.people.com.cn/CaseLib.htm.

博等社交网站用户言论的监测了解产品形象、用户意见，进而制订产品、营销等方面的策略，在视频内容产业中同样如此。因此，笔者对全媒体社交舆情模块进行如下界定：通过对各类主流社交媒体上用户及用户讨论数据的综合收集、整理、分析，判断用户对视频内容的态度、情绪。

（二）设计全媒体社交舆情模块的价值

1. 社交舆情与内容收视之间呈现正相关关系

自各类社交平台出现以来，受众在观看视频内容时进行社交分享、讨论等行为的现象就受到了学界、业界的重视，并在社交舆情与内容收视之间的关系方面进行了研究和探索。

Chevalier& Mayzlin 在 2003 年对于书评的研究以及 Dellarocas 针对电影评论的研究得到了口碑评价对传播效果呈显著性影响的结论。薛可、张漪等在《微博口碑传播对综艺节目收视意愿的影响》中，通过实证的方式进行研究，发现对于综艺节目而言，网络口碑传播量是影响收视意愿的重要因素。巩丽在《社交媒体对电视节目受众观看行为的影响研究》中，基于深访，得出结论为：在微博上有较多话题量的电视节目能够受到用户的关注，并会被纳入首选观看的选择中。在《微博对电视收视率的影响研究》中，邓极通过对102 部电视剧、2 632 条微博的分析，得出结论：电视剧首播当日的收视率会受到微博热度值、微博传播内容、意见领袖和转发量的影响，并认为，在电视节目开播前市场调研时，这几个影响因素可以纳入决策的参考因素中。

关于社交网站对收视率的影响，目前大多数研究结论均为双方存在正向相关性。正是基于这种正向的相关性，尼尔森从 2013 年起与 Twitter 达成合作，推出尼尔森-Twitter 收视率，而索福瑞亦与新浪微博联合推出了类似的数据产品。

2. 社交舆情能够反映受众的态度

互联网未出现之前，针对电视节目评估学界就已经指出，收视率指标只能反映市场份额，还应该通过调研的形式获得用户的好感度等数据，对电视节目进行综合评测。目前，由于社交网站的兴起，通过对用户在社交网站上的数据分析，可以更加直观、全面地探知用户对内容的意见、态度，从而为内容的生产、播出等环节提供支持。同时，视频内容在社交平台上的热度也能反映出该内容在各类人群中的影响力。

在 2013 年，柯惠新亦提出"传统媒体的受众测量基本处于一个二维空间中，即由传播深度和传播广度两个坐标轴（维度）限定了整体的测量范围。对于传统的电视媒介市场影响力最大的收视率,其本质是单位时间内所覆盖的受众范围,可以看作是传播广度和深度的综合体,这种二维测量模式的核心点是大众媒体以一对多的传播方式,即大众媒体是传播的主角"。[①]并提出应该加入受众参与度的模块,通过受众在社交平台上的转发、评论等行为,衡量受众对内容的态度。

因此,笔者设计了全媒体社交舆情模块,主要监测内容在社交平台上的情况,并进行分析。

通过对社交网站的数据挖掘,一方面,可以衡量视频内容在用户中的讨论热度、好感度;同时,通过对文本的分析,能够获知用户在内容方面的喜好、倾向,从而实现更加高效的内容制播,既可以帮助前期投资决策,也可能实现在制播过程中基于用户反馈的实时优化;此外,越来越多的内容利用各类社交网站进行互动营销,全媒体社交舆情模块的建构亦有助于评估内容在营销方面的效果。

四、全媒体传播模块

人们对视频内容的关注会受到媒体报道的影响,一般而言,媒体报道情况与视频内容的热度呈正相关关系。同时,作为一种社会文化产品,媒体对视频内容的报道量和具体报道内容,实际折射出了内容的社会影响力。视频内容在媒体上的曝光量增加,往往有助于内容获得更好的收视和广告投放。因此,笔者使用这一模块,是想通过各类媒体的报道去衡量内容的社会影响力。

(一)全媒体传播模块的界定

视频内容作为广受关注的题材,在传播中会受到各类媒体的广泛报道,这些报道体现了媒体机构对于相关视频内容的意见、看法,媒体的受众则会在一定程度上受到媒体报道的影响,这也即媒体的"议程设置"功能。

议程设置研究的基本理论来自李普曼,他在其经典著作《公众意见》中提出了一个著名的思想,即"新闻媒介影响我们头脑中的图像"。他提出,我们生活在一个媒介世界中,新闻"把关人"通过日复一日地选择和发布新闻,集中了公众的注意力,影响他们对当前什么是最重要的事件和议题的感觉。于

[①]　柯惠新,黄可.从平面化(2D)到立体化(3D)——对新媒体时代受众测量的思考.覆盖与传播,2013(7).

是,人们对世界的图像逐步形成,并趋于完整。显然,在李普曼看来,媒介的作用是巨大的。在 1968 年美国总统选举中,麦考姆斯和肖在北卡罗来纳州的茄珀山市首次检验了李普曼的理论,结果以"议程设置"效果的验证向当时流行的"有限效果模式"提出了挑战。后来麦考姆斯和肖做了确切的描述,其理论核心是,媒介可以通过其报道为公众设置议程,被媒体强调的事件容易吸引公众的注意,被媒体所忽略的事件也容易被公众忽略。

近年来,随着互联网的普及,在新环境下新旧媒体的议程设置成为学界关注的重点。国外学者近年来对这一问题的研究表明,在新媒体环境下媒体对受众具有议程设置功能。陈小燕通过实证的方式研究了门户网站的议程设置功能,提出:"议程设置理论仍然适用于当前的网络媒体环境,并且由于网络媒体所具有的各种特点,议程设置功能有所加强。"

由于媒体报道会对受众具有议程设置的功能,对于本研究而言,媒体的报道可能影响到视频内容的表现,因此,笔者设计了全媒体传播模块,并对其界定为:用于衡量视频内容在各种类型媒体上的新闻报道情况。考虑到当前全媒体的传播格局,本模块中媒体的类型包括纸媒、广播、电视、媒体的官网、官方微博、官方微信账号等。

(二)设计全媒体传播模块的价值

媒体的关注度是新闻媒体对某一新闻话题、事件、人物等的关注程度。媒体对该事物的宣传、报道力度越大,表明该事物受媒体的关注程度越高。

在现实的传播环境中,媒介对事物的报道能够扩大事物的知晓面积,使之到达更多的人群,获得更多的社会关注。人们对事物的注意力往往是有限的,当受到媒体的影响,他们会更加倾向于接受那些更容易获取的信息。而通过这些媒体信息的获取,民众对事物的看法也随之改变了,进而影响到事物的发展和进程。

金融市场与媒体关注度的互动就能说明这一问题,也有大量的学者对此进行了研究。罗伯特·J. 希勒在其著作《非理性繁荣》中这样指出:"非理性繁荣形成的一个重要因素是,媒体对财经新闻的大量报道和公共中存在的大量关于股市的谈论导致了公众对股市的关注度空前高涨,并开创性地试图用科学的方法论证了公众对股票市场的注意力与股市的关系,发现历史上历次的资产价格过度膨胀和低迷都伴随着公众注意力在那种资产上的高度集中和极度涣散。"

在观众消费视频内容的过程中,以及对视频内容的态度中,新闻媒体会发挥类似的作用。因此,全媒体传播对于视频内容评估的价值,就是通过测量媒体报道情况对观众的收视进行预判,并在一定程度上了解当前内容产业各类题材的热度等,帮助企业进行决策。在测量媒体报道量的同时,辅以对媒体具体报道内容的分析,还能判断、反映节目的社会影响力。

五、专家调研模块

(一)专家调研模块的界定

"调研"指通过各种调查方式,比如现场访问、电话调查、拦截访问、网上调查、邮寄问卷等形式得到受访者的态度和意见进行统计分析,研究事物的总体特征。而专家调研,顾名思义即以专家为受访者,调查、研究其意见。

在视频内容评估中,专家调研是被广泛应用的一种方法。例如,央视、广东卫视等电视台建立了网上评分系统,让专家上网观看视频、评分并提出意见和建议。为了评估结果更加准确,同时为了搜集更多的意见和建议,央视聘请几十位专家参与综合评估,主要请专家对视频内容的"思想性""专业性""创新性"等较为专业指标进行把关,专家的意见和建议最终形成报告直接反馈到前期的节目生产环节。

在本研究中,专家调研模块是指通过组织视频内容产业各个领域的专家进行调研,从不同角度评判视频内容的价值。

(二)设计专家调研模块的价值

1. 专家评估被广泛应用于各类评估实践中

"专家评估方法是一种定性的评估方法,主要是通过获取专家知识对研究问题作出评价,依据众多专家的智慧和经验进行分析和预测"[①]。

在评估的众多方法中,专家评估在许多环境下被广泛采用,其原因有三。

第一,商品的部分价值属性无法量化。比如,艺术品评估、教学评估、项目评估等。之所以如此,是因为有些问题、有些事物本身具有双重属性,或者根本无法量化,很难建构量化的评估模型,而过分强调定量的结果和排名只会使事物的特殊性被湮没。

第二,专家评估方法执行较为简单、直观。专家评估在执行过程中不需要大规模、大范围地组织数量众多的专家,只需要将行业内、学界内最具代表性的、有经验的专家组织起来参与评估即可。并且针对专家评估意见的采集

---

① 刘伟涛,顾鸿,李春洪.基于德尔菲法的专家评估方法.计算机工程,2011(S1):189~191.

方式也较为灵活,问卷调研、座谈、深度访谈等都可以采用。专家的评估结果代表依据个人经验的专业意见,评价结果往往也较为直观,一目了然。

第三,专家评估的准确程度比较有保证。参与评价的专家通常具有较高的学术水平和实践经验,基本能够胜任专属领域的评估和意见表达。而且通常情况下,专家评估的人员数量不是单个,而是多位,综合多位专家的意见形成集体意见,可以更好地避免误差。

2. 视频内容产品的特殊性需要采用专家评估法

视频内容产品既有物质产品属性,又具有精神产品属性,因此,我们不能单纯地根据社会平均劳动时间来判断、评估其物理价值,也不能单纯根据市场需求来判断其经济价值,因为内容产品在社会精神领域所产生的贡献及对人类精神的影响力往往数倍于它的生产、流通成本。

另外,视频内容既然是精神产品、文化商品,它的生产过程是创造性地累积,而不是模块化、标准化的流水线,伴随着它的整个生产过程,也是风险不断积累的过程,因此,它的产品质量也具有非常大的不稳定性。所以,这些内容的评估也需要依赖专家的智慧和经验来进行审视和评估。

第三,通过专家评估法,内容生产者能够获取关于内容的优化建议、营销建议。专家既是高水平的鉴赏者,也具有多年分析行业成败案例的经验,视野开拓,因此不仅能够判断内容的问题所在,还能够根据这些存在的问题提出修改、优化的意见,对实践进行直接的指导。

六、用户调研模块

(一)用户调研模块的界定

用户调研是各个行业在市场活动中都会使用的一种策略。包括前期通过问卷等形式对用户进行画像、帮助产品定位,在产品推广过程中通过深访获得目标消费者的评价、反馈等。

在视频内容产业中,用户调研也是广泛使用的一种方法。

ASI Entertainment 即是专门从事视频内容领域用户调研的公司。ASI Entertainment 主要提供第三方的内容质量评估,其从事电视节目、专题广告片、电影以及多种媒体测试服务已有 50 多年,服务范围也遍及全球。

通过其独有的 ViewTrac Dial Testing System(实时观看拨动测量系统),ASI Entertainment 能够提供实时观看测试。在观众观看电影、电视、广告专题片等的同时,它能实时测试观众的观看反应,这其中包括但不限于影视节目中的节奏、人物、攻击性内容、音乐、情节等要素,具体的操作方法大致有以下几个步骤:首先,进行样本的筛选;然后,参与测试的受试者进入测试实验室观看样片。在实时观看拨动测试仪表盘上有"tune-outs"和"opt-in"两个按钮,受众在观看节目的同时实时拨动这两个测试仪按钮来表达对节目是否喜好以及喜好的程度,基于测试仪的高度敏感性和系统每秒产生的信号能实时将观众的喜好程度回传,生成喜好度的平均分、动态曲线以及变化状况。当然,节目内容的生产者及其相关工作人员可以在高清影院的现场亲自观察和记录受试者的行为、表情变化,待观看完样片之后,ASI Entertainment会结合问卷调查与焦点小组访谈形成一份测量结果和分析报告。通过这样的测试进行受众研究,让内容生产者了解观众到底对什么样的内容感兴趣。通过这样的方式,能够了解到引起观众注意和兴趣的内容要素,帮助内容生产者做出最佳的决策。

在本研究中,对用户调研模块界定为:建立覆盖全国观众的样本库,根据评估需求,组织不同类型的用户进行调研,从不同角度评判视频内容的价值。

（二）设计用户调研模块的价值

梳理国内外受众调研的历史,统计分析受众来信、个别交谈、组织召开观众座谈会等传统的受众定性调研方法都在历史发展的某一个阶段被广泛地运用着。这种省力、省钱的做法可以帮助内容生产者和管理者了解观众对节目的评价及喜好程度。此时的调研虽然能够获得许多生动、具体的样本案例分析,但是也存在一些根本性的缺陷,比如,触及的受众范围有限、来源过于单一、调查问题与答案无法聚焦和控制、调研过程缺乏统一的衡量标准等。

随着研究和业界认识的进步,"受众满意度"调研出现并被接纳,业界试图通过这种基于满意度的调研,可以避免或降低由于平台自身、时间段、同平台竞争者、节目类型等因素对收视数据的影响,通过满意度的测量,可以了解观众对内容、对支撑内容的平台的评价情况。例如,央视现行的节目评价体系中,满意度和引导力占据45%的权重,这两部分均是通过受众调查来实现的。

通过收视数据,可以得到用户对内容量的评价,而只有通过用户调研才能获得用户对内容深度质的评价。因此,视频内容评估体系的最后一个模块就是用户调研。

第三节 基于全媒体大数据的视频内容评估模型具体构成

一、全媒体收视模块的构成

收视率、收视份额长久以来都被视为电视市场的"货币",被电视台、广告主广泛认可;视频网站则通过点击量数据衡量内容的价值,广告主也通过这一数值评估广告投放效果;而多种样态的互动电视(数字电视、IPTV等)中,点播、回看数据已经有了成熟的测量技术。总体来讲,在多屏终端的环境下,对每一种视频内容渠道的数据评估监测都有相对稳定的方法和产出。

(一)电视直播收视数据

在全媒体收视模块中,直播收视率数据是第一个重要的数据构成部分。

1. 收视率在内容评估中具有突出地位

美国学者 A. G. Stavitsky 将收视率的运用按递减顺序分为四类:节目策略效果的调查研究、叫座节目的识别、结构性产业力量的检验、传媒消费模式分析。其充分显示了收视率在节目策略效果方面评估的突出效果和地位。

2. 收视率调研有完善的方法和专门的机构

经过近百年的发展,世界各国收视率调查机构和评估方法在不断创新、突破的过程中,已经形成了非常完善而且稳定的结构。美国的 Nielsen、SRI,加拿大的 BBM,英国的 BARB,法国的 Eurodata TV,以及中国的央视-索福瑞和 Nielsen CCdata 都具有非常丰富、稳定的收视率数据调研经验和权威度。

央视-索福瑞媒介研究有限公司(CSM)副总经理郑维东也认为:"电视收视率的调查方法已经经历了一个相当漫长的发展时间,即便是从日记卡到测量仪的转化到现在也没有彻底结束,在全球范围内,日记卡仍然被运用着。这其实正是统计与测量体系要求的科学、严谨,以及数据产品所要求的权威性与公正性的一个说明。"[①]

(二)电视点播数据

电视 VOD 点播数据是全媒体收视模块的第二个构成部分。

1. VOD 等新电视业务用户规模庞大

据格兰研究发布的数据显示,截至 2015 年上半年,中国有线数字电视家

---

① 刘珊. 从数据说开去——专访央视-索福瑞媒介研究有限公司(CSM)副总经理郑维东. 广告大观(媒介版),2013(9):49~51.

庭用户数量达到 19 496.1 万户,数字化率达到 81.00%。其中,高清数字电视用户占比逐年上升,用户规模达到 5 466 万户,占全国有线电视用户的 22.71%;双向网络覆盖用户数量达到 12 263.6 万户,占有线电视用户总量的 50.95%;双向网络渗透用户数量达到 4 176.6 万户,占有线电视用户总量的 17.35%;个人宽带用户增长加快,用户规模突破 1 450 万户,达到 1 492.2 万户,占有线电视用户总量的比重达到 6.20%。[①]

据工信部统计,2015 年年底 IPTV 用户已达 4 589.5 万户。另据流媒体网统计,2015 年年底中国电信和中国联通的 IPTV 用户规模已超 5 000 万户。流媒体网预判 2016 年 IPTV 总用户数将冲击亿级规模。

互联网电视方面,2015 年 10 月 19 日,尼尔森网联对外公布《2015 互联网电视发展研究报告》称,2015 年是互联网电视用户增长最快的一年,实现了 100%的增长。报告显示,用户规模方面,报告预计 2015 年活跃用户在 2 700 万户~3 000 万户之间。而激活率方面,业内专家普遍认同激活率的数据已经提升到 80%左右,同时用户黏性明显提升。[②]

2. 相关数据已有权威第三方数据进行监测

IPTV 和互联网电视天然的双向网络特征注定了它们非常有利于开展双向互动的视频点播业务,而随着有线数字电视频道的增加、互动全业务的开展,都使得新电视环境下的用户收视行为进一步分散化。

针对这些新的电视系统,已经有成熟的技术在进行收视行为的监测。根据笔者的调研,尼尔森网联公司(Nielsen CCData)采用的第四代收视调查技术 RPD 不仅能够实现对数字电视频道收视率的测量,还能够兼顾到 VOD、回看等数字电视视频点播业务的测量。

(三) 网络视频点击数据

1. 网络视频、手机视频业务成为网民的重要应用

带宽的提升、移动终端的普及等,提高了网络视频的基础体验。而随着各家视频网站在内容资源方面的不断丰富,包括大力采购版权、发力自制、台网联动等,网络视频的用户规模、用户时长等都不断提升。

目前,网络视频已成为网民互联网最主要的应用之一。根据国家互联网

---

① 格兰研究. 2015 上半年中国有线电视行业发展公报. http://data. lmtw. com/hysj/201508/120856. html.

② 尼尔森网联. 互联网电视用户实现 100%增长用户黏性明显提升. http://finance. sina.

信息中心(CNNIC)在 2016 年 1 月 22 日发布的《第 37 次中国互联网络发展状况统计报告》显示,截至 2015 年 12 月,中国网络视频用户规模达 5.04 亿,[①]较 2014 年年底增加 7 093 万户,网络视频用户使用率为 73.2%,较 2014 年年底增加了 6.5 个百分点。其中,手机视频用户规模为 4.05 亿户,与 2014 年年底相比增长了 9 228 万户,增长率为 29.5%,手机网络视频使用率为 65.4%,相比 2014 年年底增长 9.2 个百分点。[②]

2. 网络视频播放数据尚无第三方监测力量进入

在视频网站的点击量数据方面,尚没有权威的第三方监测进行。各家视频网站都是对自身数据进行监测,市面上的第三方监测机构都没有进入视频网站的数据领域中,数据从获取到分析的过程都不透明。因此,各家视频网站公布的点击量数据也多次受到业界的诟病和质疑。

(四)全媒体收视模块数据的来源和换算

上述三种数据——直播收视率、点播回看数据和网络视频点击量,共同构成了传统电视、新电视、互联网、移动互联网 4 类平台用户对视频内容的使用消费情况的监测。

对基于全媒体大数据的视频内容评估模型而言,首先,必须要接入这 3 种数据,从而全面评估内容在最终到达目标人群后的实际表现。

1. 全媒体收视模块数据的来源

目前在视频市场上,已经有了较多的专业调查机构,尤其在直播电视收视率和新电视的点播回看数据等方面。这些机构借助专业的调研方法和工具,已经受到了各方的广泛认可,其数据具有权威性,并且,这些数据也作为调研机构的主要产品对外输出。因此,对于直播收视率和点播回看数据,我们不需要重复采集,可以直接借鉴和引用成熟数据。

而网络视频的点击量数据与此不同,并无权威第三方,而是各家在封闭状态下使用自己的数据。目前,如优酷、腾讯视频等有开放的 API 可供外界调用,以获取基本的点击量等数据,但这些数据,据笔者了解,仍然有可能是网站修整过的,而非原始的真实数据。但通过选择多个网站广泛采集,可以适当降低单个网站数据虚假带来的问题。且目前大多数视频内容的版权是多个视频网站共同购买,多网站采集点击量数据也是必须要采取的方案。

---

① CNNIC. 第 37 次中国互联网络发展状况统计报告. http://www.cnnic.cn/.
② CNNIC. 第 37 次中国互联网络发展状况统计报告. http://www.cnnic.cn/.

2. 全媒体收视模块指数的换算

当直播收视率数据、点播回看数据和网络视频点击量数据都能够被获取后,重要的一个步骤是将这 3 类数据换算成指数形式,从而方便进行量化的统一和计算。

根据直播收视率、收视份额数据,综合考量内容的类型、时段等要素,计算直播指数。同时,根据点播回看数据计算内容在新电视上的点播指数。对于在视频网站上有播出的内容,根据该内容版权的分销情况、在不同网站的点击数据等,折算成统一的网络视频点击指数,由这 3 个指数代表内容在不同平台的收视表现。

考虑到 3 类平台的实际影响力不同,其中电视直播平台目前仍然是覆盖人数最广的,其他两类平台相对较弱,但增长速度较快。因此,在将 3 个平台的指数综合起来的过程中,需要赋予各个指数不同的权重。

二、全媒体社交舆情模块的构成

如上文中笔者所述,全媒体社交舆情模块主要用于反映用户对内容的讨论,并从中分析内容的美誉度等指标。由于当前用户主要集中于各大社交网站进行相关讨论,这一模块就需要根据各大社交网站的情况、特征进行建构。

在笔者建构的视频内容评估体系中,能够沉淀多个社交平台的数据,包括豆瓣、微博、百度贴吧等。由于目前各个社交平台已经建立起了开放平台机制,数据 API 较为完善,因此,可以以较低的成本获得规整、完善的数据。

同时,通过这些舆情信息、数据的沉淀,平台能够逐渐建立起内容舆情信息仓库。通过内容类型和相关标签的综合分析,能为未来的内容生产、传播提供舆情预判及参照。

(一)全媒体社交舆情模块由新浪微博、豆瓣、百度贴吧构成

笔者整理了目前国内主要社交网站的情况和特征。

总体上看,微信、QQ 空间的用户量、活跃度均居于前列,但这两个社交网站的数据难于获得;新浪微博的用户情况、讨论情况和数据开放情况均较为理想;豆瓣本身是基于电影、音乐等产生的社交网站,表现较为平稳,数据质量也较高;而百度贴吧汇聚了大量的内容和明星粉丝,是热门话题的重要产生地;知乎用户数量较少,且在内容方面的讨论量一般(见表 2.3)。

表 2.3　国内主要社交网站的情况及特征

社交网站名称	目前用户数量	用 户 特 征	数 据 情 况
新浪微博	2.36 亿（截至 2015 年 12 月 31 日）	17～33 岁青年群体构成移动互联网的主要用户，占全部移动用户的 83%；性别比例相对均衡。	提供多种层次的开放数据 API，可以获取用户基本信息、关系链、微博讨论等
豆瓣	注册用户超过 7 000 万，月独立访客 2 亿（截至 2013 年 12 月）	生活在一线城市：80%以上的用户生活在北京等 12 个城市；18～35 岁占 92.5%，25 岁以上的占 46%	1670 万图书条目、3.2 亿电影评论、106 万音乐条目、2.7 万独立音乐人以及 38 万各类兴趣小组（2013 年 9 月），提供 API 供接入豆瓣电影、音乐、读书等频道数据
QQ 空间	6.4 亿（截至 2015 年 12 月 31 日）	以"90 后"为主，"90 后"在活跃用户中占据 52%	私密属性较强，不对外输出数据，难以抓取
微信	6.97 亿（截至 2015 年 12 月 31 日）	用户平均年龄只有 26 岁，97.7%的用户在 50 岁以下，86.2%的用户在 18～36 岁之间	私密属性较强，不对外输出数据，难以抓取
百度贴吧	3 亿（截至 2015 年 8 月）	"90 后"粉丝占比超过 60%，34 岁以下用户占比超过 90%，男女比例为 1.8∶1	可通过抓取获得基本数据：帖子数、会员数
知乎	1 700 万注册用户，月独立访客接近 1 亿（截至 2015 年 3 月）	72%在 23 岁以上，60%的月收入在 4 000 元以上，多为自由职业者和创业者。	全站累计产生 10 多万个话题领域，包含 350 万个问题。有第三方 API 可获取知乎日报数据

　　基于以上特征，在全媒体社交舆情模块，笔者选取微博、豆瓣和百度贴吧 3 个社交网站作为数据来源，并分别计算微博、豆瓣和百度贴吧的指数，综合形成全媒体社交舆情指数。

　　（二）在讨论量的基础上，对讨论文本进行分析和挖掘

　　目前，业界已有的对于社交媒体的数据分析主要集中在数量上，通过微博讨论量、豆瓣星级及讨论量等反映内容的热度，这具有一定的合理性，但并未充分发挥出社交媒体数据的价值。

　　用户在讨论某一内容的时候，往往带有一定的情感色彩，并且聚焦于内

容的某一侧面(如《我是歌手》节目中的某一首歌、《欢乐喜剧人》中的某一个作品等),通过对这些讨论文本的数据挖掘,可以发现用户对内容的喜好度、美誉度,以及具体对内容的哪些侧面有怎样的看法和意见,这对于内容制播方而言都具有很高的参考价值。同时,这种挖掘有助于将内容和内容中的元素关联起来,沉淀下来的历史数据能够为今后对相关元素或内容的预测提供数据支持。

三、全媒体传播力模块的构成

全媒体传播模块将作为视频内容评估体系的第 4 个重要模块予以呈现。但在信源选择和分析加工方面,还具有其他现有工具所不具备的功能。

(一)采用互联网渠道监测媒体报道

传统的报纸媒体、电视媒体在面对新媒体的冲击不断探索转型方式的过程中,从内容素材的获取、集成、生产、分发、营销等各个环节都融入了面向"全媒体"的特征。绝大多数实施转型战略的电视媒体、报纸媒体都已经形成了基于同一内容产品的、全媒体传播方阵。电视媒体将自身的电视内容向网络视频、手机媒体、OTT TV、新业态电视等渠道进行分发。随着移动互联网的发展,众多新闻客户端逐渐兴起,并受到众多用户的追逐。

根据 CNNIC《第 37 次中国互联网络发展状况统计报告》,网络新闻已经成为第三大互联网应用。截至 2015 年 12 月,中国网络新闻用户规模为5.64 亿户,较 2014 年底增加了 4 546 万户,增长率为 8.8%,网民使用率达到了 82%。[①] 而手机网络新闻用户规模为 4.82 亿户,增长率达到 16.0%,网民使用率为 17.7%。

基于这样的媒介行业现实,原来泾渭分明的媒体属性、内容属性也被逐渐模糊、逐渐融合在一起。这种全媒体化,也促使媒体的信息生产、分发之间的平台化,意味着不同媒体的信息获取可以通过一个平台就能实现。

因此,在全媒体环境下,我们对媒体报道和关注度的监测基本上可以采用互联网渠道进行。

(二)将媒体信源的种类加以区分

在信源范围的选择上,媒体信源可以有两个范围进行参照。第一,是目前谷歌、百度在用的基于全网的媒体信息来源。但是,这一选择方式无法区

---

① 　CNNIC.第 37 次中国互联网络发展状况统计报告. http://www.cnnic.cn/.

分媒体的类型、种类和用户特征。

于是,在全网监测的基础上,将媒体来源进行了细分。首先,按照媒体形态划分为电视媒体、报刊媒体、网络媒体这 3 类。其次,在筛选、甄别、控制的基础上,有针对性地甄选出影响力大、覆盖面广、代表性强的一定数量的各类媒体,组成监测来源媒体库。这样做的目的是:第一,在能够保证重点覆盖真实反映媒体关注力的前提下,降低无关信源的噪音,提升准确性;第二,能够便于系统的持续跟踪,更容易获取对单个媒体的持续性监控;第三,能够判断媒体的属性、影响力、地理覆盖区域、影响人群构成等。

除此之外需要特别强调的是,独立于大众类的电视、报刊、网络媒体之外,笔者加入了行业媒体、专业媒体作为专业媒体信源,提供来自专业媒体的、同行的行业观察和深度见解。

这样,通过全媒体传播模块,参与评估的交易双方不仅可以得到当前媒体报道的数量,还可以在时间纵向上获得报道数量的历史数据;而具体到某一类型媒体,甚至某一家媒体,每一种类型、每一家个体单位的发声都能够得到有效的监控。

（三）在媒体传播数量发布的基础上加入了文本分析的功能

在媒体向内容进行关注的同时,它们具体是怎样报道和评价的呢?它们对内容的关注主要集中在哪些方面呢?通过采访,笔者了解到,许多的内容生产者都有随时上网搜集各类媒体对自家内容关注新闻的举动,来帮助自己了解大众媒体、行业媒体对自身内容的关注点和具体的评价。但是目前,这一活动还主要通过人工来完成,实施过程也较为随意。

因此,内容评估还需要针对这一需求对所抓取的新闻内容进行关键词提取和语义分析。

四、专家调研模块的构成

在视频内容评估体系专家调研模块中,具体需要哪些类型的专家、就哪些方面进行调研呢?

我们根据前文所述的视频内容评估体系对内容全流程、全方位的评估需求,将内容的专家评估划分为质量评估、人员评估、艺术评估、投资评估 4 个常规模块,同时,还会根据内容的特殊性,将技术评估等因素考虑进去。

确定了这些具体要实现的专家评估元素之后,就可以进行专家身份的选择了。导演、制片人、编剧、节目策划是内容生产的一线执行者,因此可以作

为评价内容质量指标的专家；职业影评人、专家学者以其较高的艺术修养和
文化品位，可以作为内容艺术评估的专家；从事影视内容生产的职业经理人
和媒体机构的相关领导对从事内容生产、发行的团队信息更为了解，因此可
以作为人员评估的专家；内容生产方的销售人员、媒体采购方的采购人员、广
告公司从事媒介购买和内容营销的人员，以及职业的影视内容投资人和分析
师将从投资的角度、交易实际的角度对内容的投资价值进行专业评估。而针
对部分内容的特殊性，比如，节目模式内容、短视频内容、3D 视频内容，还需要
加入模式代理人、短视频交易专家、3D 视觉质量检测专家、3D 内容制作人等
专家角色进入。

五、用户调研模块的构成

用户调研模块的意义是了解用户对内容的深度意见和看法，并且由于样
本可控，能够灵活搭配，了解特定目标人群对内容的判断。

因此，在用户调研模块，首先要确定样本库的构成，应该至少包括性别、
年龄段、职业、地域 4 大属性。同时，考虑到在线随机普查的抽样方式过于随
意，平台对受访者的控制性弱，而且有遭到恶意评估的可能，因此内容银行将
采用定向注册的方式来建立样本库，定向到个人并进行管理。

在问题设置上，一方面，对用户的收视行为进行调查，包括收视时间、渠
道、类型偏好等；另一方面，针对某一内容，调查用户对该内容的喜好程度、喜
欢及不喜欢的原因、收看的频次和忠诚度、二次传播的意愿和行为、相关的建
议等。

第四节　本 章 小 结

内容产业、内容产品有其特殊性。

首先，内容产业环节复杂、流程漫长，如要评估一个内容产品，应该考虑
产业链条上各个环节对于评估所可能产生的不同需求，进行综合设计。其
次，在设计中，必须将对各生产要素的评估加入其中，因内容产品并非流水线
产品，其产品质量与相关要素息息相关，如前后台团队、剧本题材等都会对内
容价值产生影响。最后，与实体产品不同，内容产品作为一种精神文化类产
品，其价值不能仅仅用客观的数据来衡量，而必须同时进行定性和经验的分
析。并且，目前可得的开放数据本身也不能够完全反映现实，基于经验的分

析是非常有必要的。

综合考虑这些特点,我们提出了由 5 个模块构成的综合评估体系,即全媒体收视、全媒体社交舆情、全媒体传播力、专家调研和用户调研。考虑到当前的传播特征,每一模块又细分不同的子模块,这些模块互为参考,各自反映内容的不同侧面,从收视、讨论、社会影响、定向调研分析等层面综合评价,实现对内容价值的科学、全面、合理评估。

第三章

内容评估体系模型实施
——以内容银行内容评估体系为例

上面一节论述完整体的模型架构之后,笔者实际上在两年的时间里进行模型的落地工作,接触到了各种来源和类型的数据。在这一节中,将总结这一评估体系如何在内容银行内容评估中落地。

总体上,数据的处理流程包括数据库设计、数据采集和预处理、数据挖掘和计算、数据展现 4 个步骤。在设定模型后,要首先选择合适的数据库,以确保后续的数据能够有合适的存储方式;按照模型的要求考虑数据采集方式,并对采集来的数据进行预处理,确保数据的质量;对数据进行多个维度的挖掘和运算;最后是进行可视化展现。

第一节 数据库设计:基于 MongoDB 进行架构

一、数据库的选型:MongoDB

数据库的选择是整体流程中最基础的一步,考虑到后续的数据可能性,笔者在内容银行内容评估系统中选择了 MongoDB。

之所以选择 MongoDB,有这样几点原因。

首先,数据库可以分为传统的"关系型数据库"(SQL 数据库)和新兴的"非关系型数据库"(NoSQL 数据库)两大类。

"NoSQL 数据库"这个术语始于 1998 年,2007 年以后 NoSQL 作为一种新型的数据库技术开始被广泛关注,目前对该词的解释是 Not Only SQL,即不仅仅只是 SQL 数据库,事实上 NoSQL 数据库是对关系型数据库的不足的补充。NoSQL 数据库是一种基于 document(文档)的非关系型数据库,以 Key-Value 的结构来存储数据。除此之外,还有列存储数据库和 Graph(图形)数据库,但它不能保证关系数据库的 ACID 特性——原子性、一致性、隔离性和持久性。但 NoSQL 数据库也有自己遵循的规则：一致性，节点在同一时间可以有相同的数据；可用性，任何请求无论成功失败都有响应；分隔容忍，系统中的操作失败和数据丢失不会影响系统的正常运行。

相比于 SQL 数据库需要预定义模式，NoSQL 数据库可以动态地存储非结构化或者半结构化数据，尤其适用于 JSON 格式数据存储。当需要扩展数据库容量时，SQL 数据库通过增加 CPU、硬盘等手段实现，而 NoSQL 数据库通过增加分片个数的方式非常利于分布式存储。由于爬虫系统有巨大的数据量，并且数据以非结构化为主，传统的关系型数据库处理非常复杂，需要大量的前期处理工作，而 NoSQL 数据库技术对此有良好的支持。当前流行的 NoSQL 数据库主要有 Redis、Oracle BDB、Cassandra、CouchDB、MongoDB、Neo4J 等。

数据存储方式的不同是关系型和非关系型数据库的最大差异。前者是表格式数据库，数据存储在行和列中，数据表的关联性强，数据提取容易。而后者则是以块的形式组合在一起，存储数据集中。不同类型的数据及特性决定了对数据库类型的选择。结构化数据中，数据表的定义清楚，通常使用关系型数据库。一旦数据表的结构定义清楚了，再修改的成本很高。而非结构化数据通常是动态结构，因此使用非关系型数据库较合适，它们对于数据类型和结构的变化适应性强。①

在内容评估系统中，处理的类型多样，既有收视率等量化数据，又有文本、图片等数据。而且，在数据流程中，原始数据包含了多种非结构化数据，在非结构化数据的处理中，信息的形式相对不固定，如电子文档、电子邮件、网页、视频文件、多媒体等。对于这些非结构化信息的存储，MongoDB 作为一种 NoSQL 数据库，要比传统的 SQL 数据库更加具有优势。

其次，在各种非关系型数据库里，MongoDB 有其独特的优势。

MongoDB 是当前 IT 领域非常流行的一种非关系型数据库，是一个跨平台的、面向文档的数据库，其高性能、高可用性和方便的可扩展性受到了越来越多的 IT 从业人员的青睐。MongoDB 的核心是文档，文档就是一组动态模式的"键-值"对。所谓动态模式就是指在相同的集合中的文档不需要有相同的结构或者字段，一个集合可以容纳多种不同的数据类型，一组文档组成集合，相对于 RDBMS 的表的概念，虽然集合内的文档结构可以各不相同，但一

---

① 全面梳理 SQL 和 NoSQL 数据库的技术差别. http://www.36dsj.com/archives/16986.

般而言,一个集合中的所有文档应该是有相同或者相关目的。类似于RDBMS,一个 MongoDB 服务器是可以有多个数据库的。正是因为MongoDB 对文档型数据存储的优越性,我们选择 MongoDB 来存储抓取到的非结构化或半结构化网站数据信息。

二、数据库的具体构成

确定数据库类型后,下一步就是设计基本的数据库框架,以方便数据的存取和处理。

考虑到数据采集、预处理、展现的流程,数据库框架设计主要包括以下5个部分。

(一)原始数据库

用于存储抓取和对接获得的各类数据(最原始的网页数据、文档等),并对接到相应的管理后台,以确保数据获取流程的顺畅和稳定。

(二)预处理数据库

经过预处理后的数据存储在预处理数据库中,方便后续算法的读取和使用。

(三)语料数据库

用于存储各类语料(如广告语料、分类库语料等)。由于在数据挖掘中,需要通过语料学习来提高精准度,因此,设立单独的语料库用于训练算法。

(四)词典数据库

用于存储专门的传媒领域词典,为数据挖掘提供帮助,建立数据与数据之间的关联。

(五)需求及结果数据库

对于提交的评估请求和相应的评估结果存储到统一的数据库中,方便数据的展现和最终处理。

三、建立传媒领域专业词典作为后续分析的基础

在对数据进行处理之前,必须要建立与传媒领域密切相关的词典,以支撑后面所要进行的所有分析。

(一)为什么要建设专门的传媒领域词典?

之所以要建立词典,有以下这些原因。

首先,如上文笔者分析中提到的,内容的生产是一个漫长复杂的流程,牵

扯到多种资源、要素的调动和组合,对内容的评估既包括对完整内容的评价,也包括对各个要素的评价,如主创团队、剧本、出品公司等都会影响到一个内容的最终效果。在前置的预测中,这种对要素的评估尤为重要。

这就引出了一个问题:将内容与其相关的要素进行关联。

例如,在《芈月传》中,该影视剧的相关要素包括孙俪、刘涛、马苏、黄轩、方中信等人为主演,流潋紫为编剧,郑晓龙为导演;出品公司包括东阳市花儿影视文化有限公司、北京儒意欣欣影业投资有限公司、北京星格拉影视文化传播有限公司等。

在评价《芈月传》可能的收视预期的时候,就需要对这些人物、机构都给出其相应的历史数据作为支撑。

又比如,要单独评价孙俪这一演员,同样需要能够将其与相关的电影、电视剧进行关联,如《幸福像花儿一样》《甄嬛传》《玉观音》《甜蜜蜜》《恶棍天使》等,通过对过往作品的数据整理,形成对孙俪这一演员的综合评价。

其次,在具体的文本挖掘过程中,所希望能够挖掘到的信息一般是观众正在讨论的一部剧、一个节目的哪些要素、环节,这样的挖掘,也需要有传媒领域词典的支持——由于中文自然语言处理中对人名、内容名称的识别较为困难,很难做到完全精准。并且,在传媒领域,有较多的专有词汇,如"三网融合"等,若没有相关的词典储备,往往会被切分为"三""网""融合"3个词汇。总之,没有词典支撑的文本处理,较难产生有价值的分析结果。

因此,建构一个传媒领域的专业词典就成为整个内容银行内容评估系统中的基础组件。

(二)如何建构词典:主要依赖爬虫算法,人工作为辅助

在具体的建构过程中,笔者仍然希望以较少的人工成本实现较为专业的结果。而这一效果,有赖于当前 UGC 的发达和完善——尤其是百科类产品的丰富。

百度百科测试版于 2006 年 4 月 20 日上线,正式版在 2008 年 4 月 21 日发布,截至 2015 年 12 月,百度百科已经收录了超过 1 300 万的词条,参与编辑用户数达 569 万人,几乎涵盖了所有已知的知识领域。词条页主要由百科名片和正文内容及一些辅助的信息组成;百科名片包括概述和基本信息栏,其中概述为整个词条的简介,对全文进行概括性地介绍,基本信息栏主要是以表单的形式列出关键的信息点;词条正文内容按照一定的结构对词条展开介绍,其中词条可以设置一级目录和二级目录,用来对词条划分结构使用。[①]

在百度百科中,娱乐人物、戏剧、影视剧、影视公司都有专门的分类标签。通过抓取各个标签下的词条,并将其结构化填充入词典数据库中,就形成了一个丰富、完善的传媒领域专业词典。

当然,完全依赖机器实现抓取也是不现实的。对于某些类型的词条,如传媒领域的专有词汇,很难通过爬虫来实现,而需要人工进行添加。对于能够实现自动抓取和填充的词典,也需要人工进行审核和筛选,以确保抓取的质量。同时,在词典中,有某些属性需要人工填写,而非机器所能够抓取获得,如娱乐人物中的"粉丝画像"属性等。

因此,在内容银行内容评估系统的词典建设上,采用机器抓取为主,人工添加为辅的方式。

(三)词典的具体设计:五类数据表,设定不同属性并互相关联

在这一数据库中,笔者设计了包括娱乐人物、内容、机构、品牌、行业专有词汇5类不同的数据表,每类数据表又各自有下属的二级数据表,如娱乐人物又包括导演、编剧、主持人、演员、歌手等,并根据各类的需求以及综合考虑百度百科词条中的具体内容,对每一类数据表的结构进行了设定,以确保后续分析过程中的高可用性(见表3.1)。

表3.1　内容银行内容评估体系词典设计

类目名称	类目定位	二级类目	词条属性
娱乐人物	与影视剧制作相关的所有前、后台人物	导演、编剧、制片、演员、歌手、主持人	人名、原名、性别、地区、作品、奖项、擅长题材、粉丝画像、所属机构、合作人物……
内容	各类影视剧内容及相关小说等,以IP的概念理解内容	电影、电视剧、节目、小说	名称、类型、年代、地区、风格、制作公司、发行公司、导演、编剧、制片、男主演、女主演、奖项……
机构	传媒领域相关机构	制作机构、发行机构、投融资机构、营销机构、院线、电视台、视频网站、经纪公司	制作机构:制作内容类型、旗下艺人、作品名称、擅长题材……电视台、视频网站:定位、播出电视剧、播出节目、自制内容、主持人……

① 百度百科介绍. http://baike.baidu.com.

续表

类目名称	类目定位	二级类目	词条属性
品牌	考虑品牌广告投放的需求,将品牌也列入词典建设中	按照行业分为34个细分品类	所属集团、一级品牌、二级品牌、对应外文名称、行业、品类、投放内容、代言人……
行业专有词汇	影视剧行业专有术语汇总,如三网融合、IP等	无	只列出词条名称,无具体属性

通过测试可以发现,这种抓取+人工的流程是可靠的,能够实现稳定的产出,在较短时间内就获得了高质量的传媒领域词典,为后续分析提供了支持。

第二节　数据采集和预处理

搭建完基础的数据架构后,就要根据指标的需求进行数据采集。开放数据通过爬虫的形式抓取较为灵活,而权限数据则通过 API 的形式获得。在采集数据的过程中,笔者发现,目前互联网上存在的数据中,无效数据占据了相当大的比例,因此,对数据进行基本的预处理后才能够用于数据挖掘和计算。

一、通过爬虫和 API 采集开放数据

如上文所述,在内容评估系统中,共有 5 大类评估指标,其中,收视、舆情和传播力3 类指标需要采集互联网上的开放数据作为支撑(见表 3.2)。

表 3.2　内容银行内容评估体系数据采集情况

指标	数据来源	数据获取方式	数据描述
全媒体收视	尼尔森网联	API	直播收视率数据
	尼尔森网联	API	数字电视收视率数据
	视频网站	爬虫+API(部分视频网站有开放接口,部分需要抓取)	6 大主流视频网站的视频点击量、点赞量、点踩量、评论量等数据
全媒体传播力	新闻网站	爬虫	有代表性的 100 家新闻媒体网站的新闻标题、作者、时间、来源、文本等
	微信公众账号	移动端爬虫	有代表性的 100 个微信公众账号的文章标题、作者、时间、文本、阅读量、点赞量等

续表

指标	数据来源	数据获取方式	数 据 描 述
舆情	新浪微博	商业 API	按照相关关键词检索到的微博文本数据
	豆瓣	API	豆瓣影视类内容的评星、长评论、短评论等数据
	百度贴吧	爬虫	百度贴吧影视娱乐类各个贴吧的帖子数、会员数、帖子等数据
	视频网站	爬虫＋API	6 大主流视频网站的评论文本
专家	行业分析师	自建调研系统	根据所属类型，完成分配到的调研任务，对内容进行打分和文字评价
大众	样本户	自建调研系统	根据所属类型，完成分配到的调研任务，对内容进行打分和文字评价

（一）爬虫抓取开放数据

如新闻网站、微信公众账号文章等，可以通过开源爬虫的方式抓取。

网络爬虫又称为网络蜘蛛（网络机器人、网页蜘蛛），它是一种按照一定规则，自动抓取万维网信息的脚本或者程序。[①] 把万维网看作一个有向图，将网页中的内容看作是图的节点，网页之间的链接看作边，网络爬虫就是一个遍历该图的程序，在遍历的过程中实现对网页内容的下载。爬虫的遍历过程一般都基于图的遍历算法，从一个 url 开始，查找该页面的所有 url 并将其加入 url 列表，进而对列表中的 url 继续遍历，直到爬虫关闭。由于 Web 网页的一些特点，在爬虫的执行过程中还要涉及链接的构造、数据的解析、动态数据的获取以及爬虫规则设定等多种技术手段，结合这些技术，共同构成一个完整的爬虫系统。

由于在内容银行内容评估系统中，涉及互联网及移动互联网的信息抓取，因此设计了两种专门的爬虫：一种是利用基于 Scrapy 框架设计的"通用"定向爬虫，这里的通用是指只需更改配置文件，就可实现多网站的数据获取；另一种是基于代理服务器的移动客户端数据获取，此种方式是让移动客户端通过代理向站点请求数据，在数据交互过程中进行数据包截取，进而解析数

---

① 方传霞. Web 数据挖掘在电子商务中的研究与应用. 江苏科技大学, 2015.

据包,实现数据的获取。

1. 通用定向爬虫获取互联网开源数据

Scrapy 的框架原理如图 3.1 所示,爬虫程序最先获取初始 URL,Scrapy Engine 会将其传递给 Scheduler 模块,该模块将 URL 组装成合法的 Request 请求,传递给 Downloader 模块进行下载,Downloader 模块得到服务器返回的 网页信息后传给 Spider 进行解析。Spider 从页面中解析出两种结果,分别是 要做进一步抓取的链接和待处理的数据。链接会通过 Engine 继续传到 Scheduler 模块生成新的 Request,并重复以上动作;数据则会传到 Pipeline 模 块,在该模块对数据做存储、分析、过滤等操作。当然,在数据的传递过程中 可以设计各种中间件,实现对传递数据的必要处理(如图 3.1 中的 Downloader Middleware)。

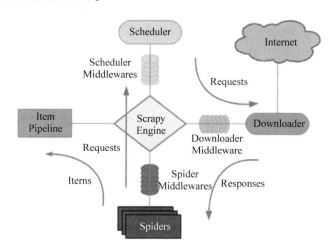

图 3.1 Scrapy 框架原理图

基于 Scrapy 的"通用"爬虫为了适用多种类型网站的数据抓取,需要一套 "通用"的抓取流程,尽量避免由于网站结构不同而带来的巨大程序改动,因 此我们设计爬虫抓取流程如图 3.2 所示。

下面是基于 Scrapy 框架的"通用"爬虫流程设计。

Step 1:程序从入口 url 开始执行;

Step 2:获取当前页面的指定 url,对 url 进行处理,大多网站在 url 采用 相对路径,爬虫无法进行下一步处理,处理 url 程序能够自动识别 url 是相对 路径还是绝对路径,并构成可执行路径,将处理过的路径存入 url 列表,避免

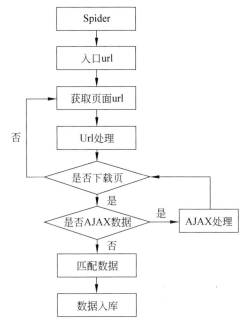

图 3.2　"通用"爬虫流程

重复爬取；

　　Step 3：确定当前 url 是否是最终数据页面，是则继续执行，否则返回
Step 2；

　　Step 4：确定当前页面是否有需要获取的 AJAX 或者 JS 动态数据，是则
执行 Step 5，否则执行 Step 6；

　　Step 5：对于请求的 AJAX 或 JS 动态数据，调用 Ghost 作为 Scrapy 下载
器中间件对页面代码进行解析，解析完成后返回 Step 4；

　　Step 6：匹配下载页数据，并将成功匹配数据入库。

　　有了合理的设计流程，结构化的模块设计将有利于爬虫的开发，具体的
模块设计如图 3.3 所示。

　　爬虫基于 Scrapy 框架设计，最基本的就是搭建 Scrapy 框架，其他所有模
块都应以 Scrapy 为基础；文件配置模块的目的是提高爬虫的复用性和独立
性，避免由于网站的结构不同而对程序进行大规模改动；配置文件验证模块
将对每次的配置文件进行验证，及时反馈配置错误，便于修改配置文件；动态
数据交互模块用于设计通用的 AJAX 数据获取方法；路径构造模块用于发现

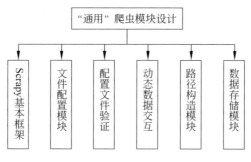

图 3.3 "通用"爬虫模块设计

和修改阻断爬虫连续执行的 url 路径；而数据存储模块则是将爬取数据存入 MongoDB 数据库。

2. 虚拟代理器获取移动互联网数据

由于移动互联网的广泛发展，在内容资源评价时，移动互联网的数据也成为不可或缺的一部分，本系统主要针对微信公众平台的信息进行获取。由于爬虫无法抓取移动互联网数据，我们利用代理服务器的方式实现移动客户端在网络通信时的数据包截取，进而解析数据获取数据内容。

基于代理服务器实现移动客户端数据抓取，程序的主要目的是利用网络代理服务器将移动客户端网络设置代理，客户端向站点发送请求后，数据借助代理服务器传送到客户端，代理服务器在数据传送过程中进行数据包捕获，进而对数据进行过滤与解析，从而获取数据。

通过代理服务器获取数据包主要流程如图 3.4 所示。在移动设备端安装类似按键精灵的模拟 App 软件，设置该软件可以代替手工操作移动客户端，通过客户端自动点击微信公众账号文章，自动向站点发送网络请求，数据在传递的过程中都要经过代理服务器，代理服务器在数据传递时复制数据包到本地，这并不会影响客户端与站点间的通信，服务器程序将数据包解析并存入数据库。

在整个数据处理流程中，代理服务器一直处于监听状态，对移动设备发往站点的请求进行监视，当发现请求 url 符合微信公众平台规则时，对返回数据进行复制，其他网络请求则不作处理，以此来过滤无用数据。获取数据包后，直接利用正则表达式对数据进行过滤，最后使用 PyMongo 将解析后的数据存入数据库。对于内容资源的评价，目标要得到的数据结果主要是微信文章的文本以及文本的阅读量和点赞量。

经过完整的测试，爬虫程序抓取效率较高。抓取速度主要受网速的限

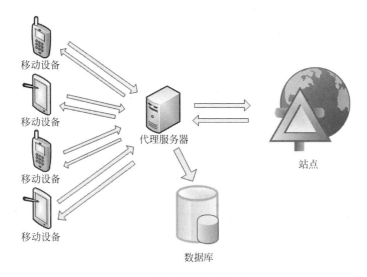

图 3.4　代理服务器数据流图

制,在接近 2M 带宽环境下日均抓取数据约 8 000 条左右,当然针对不同的网站开启多个爬虫程序可以提高日均抓取量,而基于代理的移动客户端数据获取由于模拟手机按键执行效率过低,单一客户端日均获取数据只有 100 条左右,但是多个客户端同时运行可以大大提高效率。

（二）API 获得权限数据

视频网站、微博、豆瓣等,虽然在早期数据也多开放,如微博的数据曾经可以免费获取到,但随着网站逐渐认识到数据的价值,开始对数据进行管理和封闭,目前,大多数视频网站和社交网站都要通过 API 获取数据了（见图 3.5）。

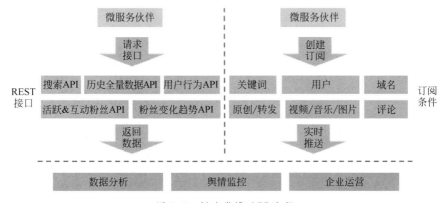

图 3.5　新浪微博 API 流程

例如,新浪微博就通过多种层级的 API 进行数据管理(见表 3.3)。

表 3.3 新浪微博数据 API 的基本情况表格(部分统计)

接口类型	接口功能	具 体 接 口
商业 API	搜索最近数据	search/statuses/limited 搜索含某关键词的微博
	检索历史全量数据	search/statuses/historical/create 创建检索历史数据任务 search/statuses/historical/check 查看检索历史数据任务的执行状态 search/statuses/historical/download 下载任务执行后的结果数据
	微博内容数据	statuses/repost_timeline/all 返回一条微博的全部转发微博列表 statuses/mentions/other 获取@某人的微博 statuses/user_timeline_batch 批量获取用户个人微博列表 place/user_timeline/other 获取某个用户的位置动态 comments/show/all 返回一条微博的全部评论列表 comments/by_me/other 获取某个用户发出的评论列表 comments/to_me/other 获取某个用户收到的评论列表 comments/timeline/other 获取某个用户发出和收到的评论列表 comments/mentions/other 获取@某人的评论
通用 API	微博内容读取接口	statuses/public_timeline/biz 获取最新的公共微博 statuses/friends_timeline/biz 获取当前登录用户及其所关注用户的微博 statuses/user_timeline/biz 获取当前登录用户发布的微博 statuses/repost_timeline/biz 获取当前登录用户发布的一条原创微博的转发微博 statuses/mentions/biz 获取@当前登录用户的微博
	微博信息读取接口	statuses/show_batch/biz 根据微博 ID 批量获取微博信息 statuses/count/biz 批量获取指定微博的转发数、评论数、喜欢数
	评论信息读取接口	comments/show_batch/biz 批量获取评论内容

资料来源:新浪微博 BusinessAPI 文档

通过这种形式,笔者在内容银行内容评估系统中获得了新浪微博、豆瓣、视频网站评论的数据。

另外,如直播收视率、数字电视收视率等数据,是由业界专门机构通过专门的设备/方式进行采集，并不公开。这部分数据，通过合作的形式设计了专门的 API 进行数据传递。

二、问卷系统采集分析师及用户调研数据：灵活、按需分配的问卷系统

对于分析师及大众指数，在内容银行内容评估系统中，设计了专门的问卷调研子系统进行数据的采集（见表 3.4）。

表 3.4　内容银行内容评估系统——问卷调研子系统后台模块设计

用户管理模块	用户管理	可以增加、编辑用户，查看用户的基本信息
	部门管理	实现后台的权限分组管理
	城市管理	可以增加、编辑城市列表，新增用户时可以选择城市
	收入管理	可以增加、编辑收入范围，新增用户时可以选择收入
	职业管理	实现了用户的角色分组，主要分为大众用户和分析师用户两种角色
	年龄段管理	可以增加、编辑用户年龄段，用来做人群细分
问卷管理模块	选项管理	增加、编辑问卷系统最基本的选项单位，选项分为打分选项和文字输入选项。打分选项评分时，默认为 0 分，打分范围为 0～10；文字输入选项默认为空。每个选项可以被所有问题选择
	问题管理	增加、编辑问卷系统的问题，每个问题由若干选项组成，被选择的评分选项和文字输入选项共同组成单个问题
问卷管理模块	任务管理	增加、编辑问卷系统的任务，每个任务是若干问题集，组合在一起形成一个综合的评估模型，根据用户评分结果及评估目标作分析。任务可以关联职业，只有被关联的职业才能看到对应类型的任务
	节目管理	增加、编辑问卷系统的节目，每个节目会有针对大众用户和分析师用户的任务，节目可以设置 open_id 来跟其他系统中节目数据实现互通
统计分析模块	大众用户统计	从性别、职业、年龄段、所在城市对大众用户做个数据分析
	分析师用户统计	从性别、职业、年龄段、所在城市对分析师用户做个数据分析
	注册用户统计	通过图表，展示单位时间内管理员在后台所增加的用户

由于在内容银行内容评估系统中,可能分析的内容类型多元,包括节目、电视剧、电影、各类元素如剧本、明星等。针对不同的内容类型评估需求,涉及的分析师类型也较为多元,包括市场、制作、投融资等领域的专家都会纳入其中,而大众又具有不同的地域、性别、收入等属性。对某一个或某一类内容的评估,问题设置同样会各有差异,因此,就要求系统能够较为灵活,可以友好、高效地进行动态管理。

在实际开发中,该系统采用较为灵活的框架,通过对分析师和大众账号、问卷、任务、节目的动态管理,可以实现按需自动分配。当有节目评估需求时,可以将指定问卷和任务分配给指定类型的分析师和大众账号,有针对性地采集数据,供后续分析使用。

此外,系统采用低耦合、高内聚的原理进行设计建模。低耦合可以降低系统间各模块之间的相互关联性,使得系统具有最大的拓展能力,良好的迭代优化能力,能够较好地应对后续的扩展需求。

三、预处理:过滤及从非结构化到结构化数据的抽取

Web 爬虫按照一定的时间规则自动运行,源源不断地将最新的数据存入 MongoDB 数据库中,此时的数据都是未经过加工和处理的数据,所以需要将数据到数据间的处理模块进行初步处理,以取得有效的数据。

对于新闻网站数据,由于新闻重复性较高,数据模块设置高效的去重程序进行去重;对于微博等社交数据,存在大量的广告等各类无效信息,需要进行过滤;对于视频网站数据,如播放量等都是在不断变化的,所以需要定时做记录,用于展示历史数据;而对于各网站的数值型数据,抓取后都以文本形式存储,在此需要进行合理的处置,例如,对"亿""万"等量词进行数值转换,在此阶段还需对数据进行分类,存入数据库以方便计算。

对于获取的数据,存入原始数据库中,并进行统一的预处理。这些主要包括两个步骤。

(一)数据过滤:去除无效数据

在获取得来的各种数据中,通过实地分析,可以发现存在大量的无效信息。这些信息主要有两大类型:广告和重复数据。

1. 广告信息过滤

在社交网站上抓取信息。据笔者分析,近一年半的热门节目、电视剧、电影等相关数据,包括《奔跑吧兄弟》《奇葩说》《古剑奇谭》《芈月传》《疯狂动物城》等,其中有超过50％的比率是广告内容。

试以《我是歌手》为例。

虽然从页面上检索"我是歌手",微博的结果如下截图所示。

但这种结果是经过微博自身算法调整,按照一定的方式排序后的结果,并不能够反映微博全量数据的真实情况。

而通过微博 API 获得的是未经过滤和筛选后的真实数据,在这些数据中,可以看到目前的数据现状:海量信息中,有大量广告。

从中,笔者挑选出了部分广告信息作为示例(见表 3.5):

这种广告数据带来了微博讨论量的剧增,如《我是歌手》显示话题中有2 922.8 万条讨论,然而实际上,数据至少要进行折半处理才能够反映真实情况。

表 3.5 新浪微博广告信息示例

微博账号	微 博 内 容
爱 ME 家纺 13570870××	♯我是歌手♯ 一直以来大部分人对于床上用品的基本要求是材质纯棉斜纹、花色好看、睡着舒服就挺好,那么这款就具备了所有特质,价格非常实惠,不仅全棉,更是 AB 版花型设计! 换心情就是如此简单。小号:被套 160×210,床单 200×230,价格 199 元。中号:被套 200×230,床单 230×250,价格 229 元
小康之家德沃佳茵益生菌	♯我是歌手♯ 【佳茵怎么做□】□资金困难我没钱,所以我无法创业,这样的理由合情合理!! □可是我想问,哪一个创业者初期是从有钱开始的□不都是东拼西凑开始的吗□如果你真的有钱,真的财务自由,你创哪门子的业呢 □因为穷,才要创业!! □因为穷,才不要给自己找借口!! □!! □!! □
棒女郎总代谷婧菡	♯我是歌手♯ 最近经常加班熬夜,皮肤又暗又干……今天锻炼完回到家,火速把面膜敷起,蓝膜靠红膜,双层功效,看看面膜纸,再看看我的脸,白净透有木有,水润有木有? 想不想亲一口呢【一直美】任性[强][强][强]♯一直美总代、详情咨询微信:15236309299♯
蜜果妈正品店	去年 12 月偶然结识了 TST 活酵母♯庭秘密活酵母面膜♯,从此便爱上了它![害羞]超爱这种酸奶的味道,姐姐说是面包味,估计是涂的时候都饿了[馋嘴]。感谢林大哥@林瑞阳 Kevin 庭姐@张庭给我们带来这么好的产品! TST 家族会越来越强大! 欢迎你的加入! ♯我是歌手♯ ♯空降粉丝群♯ ♯活酵母面膜分销♯全家都在用活酵母
我是夏天,我做自己的女神	♯我是歌手♯ 我是夏天,我是网赚受益人,今天我愿意以自己的名义为网赚平台代言。正是这次机会让我的生活蒸蒸日上,更规律,更健康。也有机会、有资金去旅行,去收获更多人生经历[爱你]
MQ 红豆 102289	♯我是歌手♯ 梦麻好物分享 大家都知道春天风大,皮肤都会很容易缺水,记得用【冬己水水霜】给皮肤补足水哦,麻麻和宝宝的专属呵护
Cc 是陈小晨	♯我是歌手♯ 推荐买饰品找她,韩国饰品、物美价廉、质量棒棒哒!!

针对这种广告数据,笔者设计了如下过滤流程。

首先要进行停用词的去除。从所有的信息中标注 1 万条广告数据进行切词,可以观察其中出现的高频词汇,包括面膜、资金、代理、护肤、应用宝、饰品、缺水、补水、床单、被罩等,共计建立包含数千词的停用词表,并基于这一词表构建过滤器。然后对该过滤器进行算法训练,训练过程中采用支持向量机算法,最终得到一个较为理想的过滤器。

从 2015 年 1 月 4 日—2015 年 1 月 11 日,笔者连续 1 周对该算法进行试验,每天从新浪微博抽取 2 000 条数据进行过滤。经过试验验证,该算法对广告数据的过滤精准度达到 90% 左右,能够有效清除大部分广告数据。

另外 10% 的未过滤数据,笔者发现,是发布者将广告内容放入了所发微博的图片中,而在文本中并未出现明显的广告内容,如下截图中的微博。

对于这种广告过滤,其明显的特征是在图像中都有广告文字的内容。因此,笔者参考了许洋洋、袁华所发表的《一种基于内容的广告垃圾图像过滤方法》中提出的广告图像文本提取的算法,通过提取图像中的文本识别广告内容,进行进一步的过滤。

经过试验,对垃圾图像的检出率达到 81.5% 左右,误检率则为 1.02% 左右。能够有效地将这类广告微博剔除。

经过两步广告过滤,总体上广告数据过滤精度达到 97% 左右,最终留存的数据可用度较高。

2. 重复数据清洗

重复数据主要存在于通过爬虫获取的新闻网站及微信公众账号的新闻中。虽然这些重复新闻能够反映出内容的热度,因此在实际的数值计算中,可以计入其中,但是在文本挖掘中,重复文本会造成干扰,因此,有必要对重复数据进行清洗。

当前市场上的去重算法有多种,主要是 Shingling 算法,该算法可以找出大致相同的文档——除了在格式上做了某些微小更正,但是总体上内容相同。它从数学上对两个文档相似度进行定义,将相似度限定在 0~1 之间,越接近 1 则表示相似度越高,反之相似度越低。而为了计算相似度,该算法认为只要抽取出几百字节的概要信息就够了。在中文中,这一算法的应用主要是:在网页中句号出现的频率较低,因此,以标点符号为中心,取标点符号前后 5 个汉字作为特征进行相似度的对比。

在本系统中就应用了这一算法对新闻文本进行去重操作。

(二)从非结构化数据中抽取出结构化的内容

相对于存储在数据库中、可以用二维表结构表达的结构化数据而言,非结构化数据不方便使用二维表逻辑来表现和存储,类型包括各类文档、图片、音视频、XML、HTML 文件等。[①]

使用爬虫及移动端代理的方式获取的数据是网页(XML、HTML)信息,其中包括了后续处理中可用的数据,但必须要将这些有效数据抽取出来,同时将网页上的其他数据(广告位、代码、各种动态数据包等)去除。否则,原始的非结构化数据很难实现高效率的数据挖掘。

一般来说,网页有固定的结构和相对固定的模板,因此,在实际操作中我们可以定义转换模板,标记从源数据网页的哪些 tag 上获取,填写到相对应的

---

① 朱昕.分布式非结构化文本数据安全分析系统研究与设计.国防科学技术大学,2010.

数据库的哪些数据表的具体位置中去，例如，<title>里是标题，meta 里包括关键词，body 中是正文内容，而将 body 中的文本去除 HTML 标记后就可以拿到较为单纯的文章数据。

经过对数据的预处理后，所有的原始数据已经转换成可用的结构化数据，并存储在数据库的相应数据表中了。

第三节　文本信息挖掘

对于内容资源的评价研究，评价的结果不应该只有简单的指数类型数据，指数型数据反映的是数量的波动变化，而不能体现数据背后所代表的更多内涵。而通过对文本数据的挖掘，可以发现人们对于内容的多种态度和讨论主题。因此，在内容银行内容评估体系中，通过搭建传媒领域的专业词典，并在词典基础上进行切词、文本倾向性、聚类、分类的分析，更加直观、客观地反映出文本数据的内涵，了解舆论倾向，从多个维度研究观众对内容的态度。

一、关键词提取技术

关键词抽取的相关算法有很多，也有不同的解决思路，基于统计的方法是最常用的关键词抽取方法。本课题将选用两种基本关键词抽取算法进行关键词的抽取，分别是 TF-IDF 算法和 TextRank 算法。

（一）TF-IDF 关键词提取算法研究

TF-IDF（Term Frequency-Inverse Document Frequency）是一种常用的信息检索与数据挖掘的加权技术。在一个文本中抽取关键词，一般我们用"词频"（Term Frequency）来统计，结果会出现很多的"了""在""的"一类词，将其设置为停用词，在分析时先过滤停用词。即便这样，在一篇文章中还是有很多的词语无法体现出该词对文章的重要程度，比如，一段讲述"学校 50 年校庆"的文本，中间有"学校""50 年""校庆"3 个词，但是文章中 3 个词出现的词频一样，可事实是"校庆"应该排到前边，它更能反映文章内容，此时就需要一个重要性的调整系数衡量一个词是不是常见词。如果一个少见的词在文章中出现多次，则很有可能该词就能反映文章特征，也就是最终的关键词。

从统计学角度来讲，在词频的基础上，对每个词根据"重要性"赋予一个权重。给常见的词"的""了""呢"等赋予最小的权重，如学校、家人等较常见的词被赋予相对小的权重，较大的权重预付较为少见的词如"校庆"。由于权重的大小与词出坝的频率是相反关系，所以称其为"逆文档频率"（Inverse

Document Frequency,缩写为 IDF)。[①]

"词频"(TF)与"逆文档频率"(IDF)的乘积即为一个词的 TF-IDF 值。TF-IDF 值越大,它对文章的重要性也越高。因此,将 TF-IDF 值排名靠前的词语作为文本的关键词。

具体算法如下:

1. 计算词频

$$词频(TF) = \frac{某个词在文中出现的次数}{文章总词数}$$

2. 计算逆文档频率,此时需要一个语料库来模拟语言的使用环境

$$逆文档频率(IDF) = \log\left(\frac{语料库的文档总数}{包含该词的文档总数+1}\right)$$

3. 计算 TF-IDF

$$TF\text{-}IDF = 词频(TF) * 逆文档频率(IDF)$$

显然,TF-IDF 值与词语在文档中出现的频率成正比,与在整个语言中的使用频率成反比。关键词自动提取算法的目的就是计算词语在文档中的 TF-IDF 值,并将值较高的词语取出。

(二)TextRank 关键词提取算法的研究

TextRank 算法是基于 PageRank,用于生成文本的摘要和关键词。PageRank 是 Google 革命性的发明,用于计算网页的重要性来对网页进行排名,由于该算法解决了网页排序问题,谷歌的优良体验几乎全部立足于这一算法。PageRank 的核心思想是:在互联网中,整个 web 网络可以看作一张有向图,节点是网页,如果一个网页被许多其他的网页链接,那么说明这个网页受到普遍的承认和依赖,它的排名就会高。

用数学模型来描述 PageRank 算法如下:

$$B = (b_1, b_2, b_3 \cdots, b_N)^T$$

假定向量为第一、第二、第三…至第 N 个网页的排名。

$$A = \begin{bmatrix} a_{11} & \cdots & a_{1n} & \cdots & a_{1M} \\ \cdots & & & & \cdots \\ a_{m1} & & a_{mn} & & a_{mM} \\ \cdots & & & & \cdots \\ a_{M1} & & a_{Mn} & \cdots & a_{MM} \end{bmatrix}$$

---

① 王雄. TF-IDF 与余弦相似性的应用(一):自动提取关键词. http://blog.sina.com.

矩阵为各个页面之间的链接数目,其中 a_{mn} 代表第 m 个网页指向第 n 个网页的出链数目。显然 A 是已知量,B 为待求量。做 $B_i = A \cdot B_{i-1}$,假设 B_i 是第 i 次迭代结果,初始设置所有的网页排名都是 $1/N$,则有:

$$B_0 = \left(\frac{1}{N}, \frac{1}{N}, \cdots, \frac{1}{N} \right)$$

显然通过多次矩阵迭代运算,可以得到 $B_1 B_2 B_3 \cdots$。事实上 B_i 最终是收敛的,当 B_i 无限趋近于 B 时,$B = A \cdot B$。所以,可以设置一个较小的值来对迭代次数进行限定,一般来说设置 10,此迭代基本就收敛了。

由于网页之间的链接数相对于整个互联网是非常稀疏的,所以要对零概率或者小概率事件进行平滑处理,由于网页排名 B 是个一维向量,平滑处理使用一个小的常数 α,这时公式变为

$$B_i = \left[\frac{\alpha}{N} \cdot I + (1-\alpha) \cdot A \right] \cdot B_{i-1}$$

其中 I 是单位矩阵。

PageRank 是将网页当作图中的点来看待,将网页间的链接关系当作图中的有向边来看待。而 TextRank 则将文本组成单元,如词、句子、段落等当作点来看待,将它们之间的联系当作边来看待。在 TextRank 提取关键字时,我们将词看作图中的点,将词之间的共现关系看作图的边,从而得到词之间的共现矩阵,与 PageRank 算法相比较,共现矩阵类似于矩阵 A,是词与词之间的一种联系,页面之间链接数量是显式的,可以轻易地计算。顾名思义,共现矩阵就是指两个词同时出现的频率,先对分析文本做分词处理,去除无意义的介词和虚词,然后设置一个一定大小的窗口在语句中滑动,如果两个词在窗口中同时出现,则这两个词的共现频率加 1,当窗口遍历完整个文本,也即得到了共现矩阵,没有同时出现在窗口的词共现频率设为 0。最后利用 PageRank 迭代过程,得到每个词的重要性,从而提取排名靠前的关键词。

（三）基于 Jieba 的关键词提取

Jieba 是一个基于 python 的中文分词库,提供分词的精确模式、全模式和搜索引擎模式,基于 Trie 树结构实现对词图的扫描,利用动态规划查找最大概率路径,借助 HMM(隐马尔科夫模型)实现对词的切分。由于系统提供的词典并不完善,比如,对一些人名等词无法识别,所以提供 jieba. load_userdict(file_name)可以加载自定义词典,词典设计是 txt 文件,每行分为 3 部分,分别为词语、词频和词性;提供禁用词加载方式 jieba. analyse. set_stop_words(file_name),同样为 txt 文件,每行只有一个禁用词,通过禁用词设置,我们可

以设置去掉大量与主题无关的常用词。jieba 采用延迟加载,import 时并不会直接加载词典,只有当使用时才加载,如果希望开始直接加载,使用 jieba.initialize 方法做手动初始化,当然,利用 jieba.set_dictionary(file_name)可以在需要的时候更改词典,比如,对繁体与简体的转换。

jieba 库提供了基于 TF-IDF 算法和 TextRank 算法的关键词提取。相比而言,TF-IDF 算法的关键词提取技术更加容易实现,而且运算速度更快,在数据量非常大时效果是非常好的,但需要对词典做较多的设定,尤其是禁用词,经过验证,如果文本中混合了大量英文,TF-IDF 的关键词提取准确度将受很大的影响,这也是文本分析之前需要对文本进行过滤的主要原因;而 TextRank 算法的提取,准确度要更加高一些,对中文的提取更加稳定,但是对于大量数据的提取,该种方法耗时太长。本课题将会结合两种方法对不同的抓取源数据进行文本分析,以求结果更加准确。

纪录片《我在故宫修文物》2016 年 1 月 7 日在央视播出之后,反响寥寥。但让人意外的是,1 个多月后该纪录片在"90 后""00 后"聚集的著名弹幕视频站 Bilibili 走红。

截止到 2016 年 3 月 22 日,这部由《青铜器、宫廷钟表和陶瓷的修复》《木器、漆器、百宝镶嵌、织绣的修复》《书画的修复、临摹和摹印》3 集组成的纪录片在 Bilibili 视频网站收获了 90 万的点击量,近 8 万的收藏量,近 5 万的弹幕评论量,以及 3 000 条评论留言。

从词频分布来看,不仅师傅、王津、王师傅一词频繁出现,还有钟表一词的出现频率也颇高,可见其关注程度。

笔者对 Bilibili 的评论文本进行了词频分析,可以得到如下结果(见表 3.6)。

表 3.6 《我在故宫修文物》词频分析

排名	关键词	词频比率	排名	关键词	词频比率
1	匠人	1.523	7	历史	1.242
2	旁白	1.523	8	钟表	1.115 6
3	精神	1.441 4	9	·ω·	1.115 6
4	中国	1.441 4	10	遗憾	1.115 6
5	师傅	1.348 8	11	央视	1.115 6
6	文化	1.242	12	工作者	1.115 6

续表

排名	关键词	词 频 比 率	排名	关键词	词 频 比 率
13	古代	1.115 6	20	热捧	0.960 9
14	王津	1.115 6	21	复活	0.960 9
15	表白	1.115 6	22	王师傅	0.960 9
16	音乐	1.115 6	23	好看	0.960 9
17	李树	0.960 9	24	博物馆	0.960 9
18	平实	0.960 9	25	化学	0.960 9
19	老师傅	0.960 9			

二、文本情感倾向性分析

随着互联网的迅速发展，网络成为人们获取信息、发表意见的主要途径。根据文本内容，网络中的文本可以被划分为两种：客观描述和主观信息。前者针对事件、产品等进行客观的描绘，后者则代表了用户对于事件、产品、人物等的感情评价。情感倾向性分析即是指针对主观性信息进行分析、归纳。

情感倾向性分析最早是来自 NLP（自然语言处理）领域，主要从语法、语义规则等层面对文本的情感倾向性进行研究和判定识别，随着互联网，尤其是社交网络的兴起和发展，情感分析逐渐涉及多个领域，在信息预测、舆情管理等方面发挥作用。

对于内容评估而言，观众对内容评价的正负面倾向性是重要的信息，能够判断一部作品的"叫好"程度，因此，我们选择将情感倾向性技术也纳入内容银行内容评估体系中，对获取到的数据进行情感倾向性分析。

本节中首先简要介绍情感分析技术的发展，并根据内容银行抓取到的文本特征选择了不同类型的情感分析技术进行分析。

所谓文本倾向性分析，就是"对文本中的态度（或称观点、情感）进行分析，即对文本的主观性信息进行分析"[1]。内容资源评价的数据主要以报道文章、社区评论等为主。倾向性分析是判断单个对象（单篇文章）的，为了清晰地看出评价主题的社会舆论走向，我们通过统计一个评价主题的正向报道

---

① 徐冰，赵铁军，王山雨，郑德权.基于浅层句法特征的评价对象抽取研究.自动化学报，2011，37（10）：1241～1247.

量、负向报道量以及中性报道量来反映社会舆论走向,类似于一些网站统计的"点赞量""点踩量"。而文本倾向性判定,考虑到效率以及准确性,论文将使用基于朴素贝叶斯分类器的倾向性判定方法。

(一)情感倾向性分析的发展和应用

1. 概念发展

情感倾向性分析最早源于人们对于有感情色彩的词汇的分析,如"漂亮"一般具有褒义,而"难吃"则带有贬义。尽管人们一直以来都能够认识到情感倾向性分析,但由于可分析的数据量较少,相关的技术发展缓慢,尤其在 20 世纪 90 年代互联网普及以前。

随着互联网的快速发展,大量数据开始产生,包括新闻报道、社交网络评论等,这些可利用的数据为情感倾向性分析在技术方面的突破带来了条件。珍妮丝·韦博教授于 1994 年首次将句子分为主观性观点句和客观性描述句,前者用于表达态度、意见等,后者则主要是对事实的客观描述。而 2001 年桑吉夫·达斯和迈克·陈在对股票市场的文本分析中,将留言板里的文本情感定义为文本的消极和积极含义。2003 年,库绍尔·戴夫等人使用意见挖掘(Opinion Mining)的概念,认为意见挖掘需要形成产品的属性,并针对每一个属性挖掘文本好、中、坏的倾向。此后相关的研究开始形成大量学术成果,而这一阶段的研究和技术则多围绕新闻等长文本。

之后 Web2.0 兴起,社交网络开始飞速发展,用户拥有了能够发表观点的平台,这丰富了网络中的语料库,同时也给情感倾向性分析带来了技术层面的挑战。这是因为,与新闻等规范的长文本相比,社交网络的文本特征是短小、噪声大、语法不规则、充斥网络流行语,因此提高了分析难度。

2. 情感定义及分类

根据文本的颗粒度,情感倾向性分析可以被划分为词语级、语句级和篇章级等多个层次。

词语级情感倾向性分析主要针对词语进行情感倾向性判断及用于构造相关的情感词典,但词语级分析忽略了上下文,难以区分相同词语在不同语言环境下情感倾向性的差异。

语句级情感分析将语句作为独立的情感倾向性分析判断对象,对需要分析的语句首先判断其是主观观点还是客观描述,然后针对主观观点句进行判断识别。

篇章级则是指以整篇文档为对象,挖掘其对于一个事件或者人物、产品等的态度,一般采用三元结果(反对、支持、中立)或者评分(0～1 分、1～10 分等均可)。篇章级分析目的在于挖掘作者的观点倾向,而忽略文章中部分语句的倾向性。例如,针对某一篇评论《我是歌手》的新闻报道,可以通过篇章级分析得到作者的倾向性为正向的,但是在文章中作者的某些负面评价则会被忽略。

3. 情感倾向性分析的应用

在产品评论、信息预测、舆情管理等方面,情感倾向性分析都发挥着重要作用。

产品评论分析,是目前这一技术使用最为频繁的应用点。人们在购物之前,往往需要检索、查询过往购买者的评论信息,为自己的购买决策寻求依据。由于消费者很难浏览所有的评论信息,就诞生了各种通过技术分析归纳出评论意见的倾向性并方便用于决策的系统。例如,威尔逊·特丽莎等人研发的 Opinion Finder 系统就能够从评论中自动识别主观性句子并抽取句子中的情感信息。

在信息预测方面,情感倾向性分析也发挥重要作用。某一事件、某一人物,或者某一电视剧/电影等的播出,以及网络上对这一事件、人物、内容的讨论都会影响人们的行动、反应和思考。情感倾向性分析技术可以通过分析处理这些议论的倾向性,从而预测事件的发展趋势。这种信息预测已经在经济领域、政治领域等多个方面发挥了作用。例如,Devitt Ann 等人通过识别金融评论文本的情感倾向性,对金融的未来走势进行预测。Kim Soo-Min 等人在 2008 年成功预测了美国大选的结果,其使用的技术也是分析、判断大量美国大选时候网络评论的情感倾向性。

情感倾向性的另一个重要应用方向是网络舆情管理监督。随着社交网络的发展,互联网的发散性、渗透性、开放性等特征越发明显,网民越来越多地使用社交网络渠道表达观点、发泄情绪,各类话题可以随时发布并扩散传播甚至放大开来。虚拟社交网络与真实线下生活的交融互动,对实际社会产生的影响也在扩大。因此,各个产业中都有对于网络中的情感倾向及态度进行感知、监管的产品,以确保自身产品的稳定发展和良好口碑。

(二)情感倾向性在内容银行内容评估体系中的应用

在内容银行内容评估体系中,如前文所述,所抓取的数据包括新闻报道、微信公众号文章等规范性较强的长文本,同时也包括豆瓣、微博、视频网站评论等较为短小、不规则的短文本。针对这两种不同的文本特性,笔者采取不同的文本情感倾向性算法对其进行分析。

1. 长文本的情感倾向性分析：朴素贝叶斯

对长文本的情感倾向性分析，可以分为基于语义规则、监督学习的方法以及话题模型等几种类型。

（1）三种长文本情感倾向性分析技术

基于语义规则的情感倾向性分析技术，构建在基于情感词典的方法基础之上。从词性角度来看，形容词和副词多用于表达情感，而名词、动词等则多表达特征，用于客观性描述，因此，情感倾向性的评价词汇多由形容词和副词来构成。如果能够获取到所有评价词的倾向性，则很容易计算出作者在整个文章中所要表达的情感倾向性了。基于情感词典的分析技术，就是标注好情感词的倾向性，继而进行分析。但这种方法只能初步判断文本倾向性，却不能够适用于所有情况，因为任何一个词典都不能包含所有评价词，并且，部分情感词由于上下文不同，其倾向性也会发生变化。基于语义规则的情感分析技术，在情感词典基础上通过语义规则计算评价词与情感词典中的种子词（情感词典中标注好倾向性的词语）之间的距离，从而达到情感分类的目的。这一技术属于无监督学习算法，其典型算法为 SO-PMI 算法，在该算法中仅仅选择 poor 和 excellent 两个词语作为负面与正面的基准词，基于点互信息计算评价词与这两个基准词的距离，从而达到情感分类的目的。

基于话题模型的情感分析技术，则是随着话题模型的逐渐兴起而被应用到情感分析领域，主要有 PLSA（Probabilistic Latent Semantic Analysis）和 LDA（Latent Dirichlet Allocation）两种模型，在话题模型基础上，增加变量（情感词），从而识别长文本的话题和情感倾向性。

基于监督学习的情感分析方法，首先由人工对文本的情感倾向性进行标注，然后将这些语料作为训练集，通过机器学习的方法构造一个分类器，实现对目标文本的情感倾向性分析。[①] 这种方式是在 2002 年由 Pang Bo 等人引入，针对电影的评价数据将机器学习引入情感倾向性分析中。在这一实验中，首先，人工标注了 752 条负面评价和 1 301 条正面评价，采用朴素贝叶斯方法进行目标文本的情感分类，结果表明机器学习方法可以有效提高倾向性分析的精度。

朴素贝叶斯分类器以贝叶斯定理为基础，广泛地应用于文本分类。所谓

---

① 张晓诺.利用大数据技术在电子商务中对客户忠诚度分析.中国科技信息，2015(13)：95～96.

"贝叶斯定理"是统计学中关于随机事件发生的条件概率的定理,它是 Thomas Bayes 在解决"逆概"问题提出的。简单来说,对于随机事件 A 和 B,求在 A 已经发生的条件下 B 事件发生的概率。贝叶斯公式用数学公式表示是:

$$P(A \mid B) = \frac{P(AB)}{P(B)}$$

其中 $P(AB)$ 是事件 A 和 B 同时发生的概率,$P(B)$ 是事件 B 发生的概率。

假设对于一个数据集,随机样本 C 表示样本在 C 类中的概率,F_1 表示测试样本 1 特征出现的概率,那么贝叶斯公式使用如下:

$$P(C \mid F_1) = \frac{P(CF_1)}{P(F_1)} = \frac{P(C) \cdot P(F_1 \mid C)}{P(F_1)}$$

这表示当特征 F_1 出现时样本在 C 类中的概率。

如果样本空间被分为 N 类,每类用 F_i 表示,则贝叶斯定理可以扩展为:

$$P(C \mid F_1, F_2 \cdots F_n) = \frac{P(C) \cdot P(F_1, F_2 \cdots F_n \mid C)}{P(F_1, F_2 \cdots F_n)}$$

$$= \frac{P(C) \cdot P(F_1 \mid C) \cdot P(F_2 \cdots F_n \mid CF_1)}{P(F_1, F_2 \cdots F_n)}$$

$$= \cdots$$

$$= \frac{P(C) \cdot P(F_1 \mid C) \cdot P(F_2 \mid CF_1) \cdots P(F_n \mid CF_1, F_2 \cdots F_{n-1})}{P(F_1, F_2 \cdots F_n)}$$

其中存在长串的似然值(特征值在样本分类中的可能性),计算起来非常不方便。此时,为了简便运算,假设各个特征都是独立的,即特征只与分类有关,则上式就变为:

$$P(C) \cdot P(F_1 \mid C) \cdot P(F_2 \mid C) \cdots P(F_n \mid C)$$

此时计算变得非常简单,而这种算法忽略了特征间大部分的联系,是不科学的,但事实证明计算结果非常好。有人给出解释,是分类之间的均匀分布对似然结果影响不大,或者分类的独立性产生双面的影响相互抵消导致影响不显著,但无论如何,朴素贝叶斯在各行各业都已广泛应用。

在做文本倾向性分析时,假设一个文本由 D 个词语(文本倾向性分析是建立在分词的基础上的)组成,用 A 表示 positive 类、B 表示 negative 类,则:

$$P(A \mid D) = \frac{P(A) \cdot P(D \mid A)}{P(D)}$$

$$P(B \mid D) = \frac{P(B) \cdot P(D \mid B)}{P(D)}$$

其中 $P(A)$ 和 $P(B)$ 是先验概率,通过计算样本空间中 positive 和 negative 文本的比例即可,但是 $P(D|A)$ 和 $P(D|B)$ 相对难求,假设 D 个词语为 $d_1, d_2 \cdots d_n$,显然:

$$P(D \mid A) = P(d_1, d_2 \cdots d_n \mid A) = P(d_1 \mid A) \cdot P(d_2 \mid d_1, A)$$
$$\cdot P(d_3 \mid d_2, d_1, A) \cdots$$
$$P(D \mid B) = P(d_1, d_2 \cdots d_n \mid B) = P(d_1 \mid B) \cdot P(d_2 \mid d_1, B)$$
$$\cdot P(d_3 \mid d_2, d_1, B) \cdots$$

利用条件独立假设,即每个词出现的情况相互独立,那么上式则变为:

$$P(D \mid A) = P(d_1 \mid A) \cdot P(d_2 \mid A) \cdot P(d_3 \mid A) \cdots P(d_n \mid A)$$
$$P(D \mid B) = P(d_1 \mid B) \cdot P(d_2 \mid B) \cdot P(d_3 \mid B) \cdots P(d_n \mid B)$$

而计算上式非常简单,$P(d_1|A)$ 表示 d_1 在 positive 样本空间中出现的频率,最后对概率结果设置阈值,在规定范围内的即表示该数据分类。

在利用朴素贝叶斯做文本倾向性分析时,对于贝叶斯公式推导有重要的前提就是特征概率不可以为 0,但是对于一些没有出现在测试集中的情况,概率为 0 非常有可能发生,在此对数据作拉普拉斯平滑处理,也即对数据作加 1 处理。对于计算机处理数据时,概率的处理有大量的小数运算,为了避免溢出风险,对数据作对数转换,将概率的乘法变为加法。

(2) 应用机器学习-朴素贝叶斯 SnowNLP 进行实际情感倾向性判断

在内容银行内容评估体系中,基于 SnowNLP 来对文本进行情感倾向性判断,SnowNLP 是基于 Python 的中文文本分析库,没有使用传统的 Python 文本分析类库 NLTK,但是提供了最基本的训练中文辞库,所有程序编码都以 Unicode 编码实现,提供了基于统计 NLP 方法通过对训练集进行情感标注,实现对文本的倾向性计分,根据最后结果的大小来判断文章的倾向性。最终,我们通过统计正负向文章的数量来评价一个资源的社会舆论走向。

SnowNLP 提供基本的朴素贝叶斯文本倾向性分类算法,并提供了基本的 positive 和 negative 语料库,程序先对足够的 positive 和 negative 文本数据作训练,提取出合适的分类模型,再利用分类模型对文本数据分类,并计算出最后的倾向性概率。由于中文语料库的数据较少,并且在作倾向性判断时,SnowNLP 默认的样本取自电商网站的评论数据,与内容资源评价不符,故课题选取大量新闻数据作为训练样本。其使用方法如下。

```
from snownlp import seg
seg. train('positive. txt')
```

seg. save('seg. marshal2')

实现对分类器的训练，做出更加有利于内容资源评价的分类器，修改 snownlp/seg/__init__. py 里的 data_path 指向，即可选用自训练分类器。

from snownlp import SnowNLP

s ＝ SnowNLP(str1. decode('utf8'))

s. sentiments

上述方法将会对字符串 Str1 的倾向性作出判断结果，最后结果是相对于 positive 样本空间的概率，取值范围是[0,1]，对此，我们认为大于 0.6 的属于好评文本、0.4～0.6 属于中评文本、小于 0.4 的属于差评文本，最终统计一个主题的各类型文本数量，通过数量关系来判断一个主题的社会舆论走向。

2. 对社交媒体中短文本的情感倾向性分析

社交网络的特点给传统的长文本情感倾向性分析技术带来了新的挑战，同时，也催生了适配社交网络特性的情感分析技术。

与传统的长文本如新闻报道不同，社交网站中的短文本字数少，且语法相对来说规则较弱，但却有越来越多的态度和观点在社交网络上进行表达，因此，针对这些短文本进行专门的情感倾向性技术研发就成了热门话题。如 2009 年 Go Alec 等人测试了监督学习算法在 Twitter 短文本情感倾向性分析的效果，并在算法中采用了短文本中的表情符号获取正面和负面评论，最终结果与上文所述的长文本监督学习算法相差无几。

随着针对短文本的情感倾向性分析成为重点，很多自然语言方面的评测会议，如自然语言处理与中文计算会议、全国信息检索会议等都开始讨论这一议题。张鲁民等人在 NLP&CC2013 中提出了基于聚类构造情感向量的层次化结构，算法步骤如下。

Step 1：结合临床心理学中的情绪检测表，抽取能够表示情感的情感词初始化情感向量。

Step 2：对微博数据流进行检测，根据大规模语料库采用基于统计的方法，自动发现并吸收能够表示情感的网络新词，监理情感向量的自学习及自动更新机制，保证情感向量的全面性。

Step 3：采用自底向上的方法，基于分类和摘要监理情感向量的层级化结构。基于情感词的倾向性，对底层情感向量进行标注，建立倾向性分析层。

这一模型能够有效对情感进行表示，并避免了情感向量的稀疏性。

而 2010 年，Berminghanm 和 Smeaton 在比较了 Twitter 短文本分析中支

持向量机算法和贝叶斯算法的效果后指出,虽然社交网络的短文本蕴含大量的噪声,但在情感分析方面,短文本的情感分析比长文本要简单,并且贝叶斯算法的效率同样较高。

三、文本话题聚类

观众在观看内容的同时以及观看之后,在社交媒体上分享、讨论是越来越显著的趋势。而他们讨论的内容,往往可以归拢到几个特定的话题上。通过对观众讨论的话题聚类分析及追踪,可以了解观众对内容的关注点,并及时根据这些话题对内容的制作、营销策略等进行调整,形成动态的优化机制。

(一)社交网站上话题的特征

在社交网站上,海量用户对某一内容进行讨论往往具体会针对这一内容的某些侧面,但这些具体的话题讨论有这样的数据特点。

第一,社交网站上的话题具有分散性,用户可以在任何时间、任何地点发起话题或参与讨论,话题发生的时间、地点均无法预测。

第二,社交网站上话题传播的速度快,且范围宽广,不受地域限制。

第三,话题的种类繁多,包罗万象。

第四,社交网站中,话题的数据是海量的,但是数据又相对集中。例如Facebook 每天平均会产生 25 亿条内容。但海量数据集中在几个大型的社交网站中,如海外的 Twitter、Facebook、Instagram,国内的新浪微博、QQ 空间、豆瓣网、腾讯微信等。

第五,社交网站上话题的相关数据不断更新,它是动态演进的。

这 5 种数据特点,一方面,意味着对于内容产业而言,可以非常方便、及时甚至实时地获取到观众的反馈,另一方面,也对相关技术提出了严格的要求。

不同于基于传统媒体的监控,社交网络中的话题发现和演化方法需要能够实现话题的自动发现和演化追踪,并不需要过多人工参与。另外,考虑到数据的动态、海量性,人工进行追踪也是不可能实现的。所以,关于社交网站中话题的发现需要有相关算法,以保证话题的发现追踪能够自动由程序实现。

(二)话题发现的模型和算法

1. 基于向量空间模型的话题发现

向量空间模型(VSM,Vector Space Model)最早是在 20 世纪 70 年代被提出的算法,并在信息检索领域有广泛应用,其基本思路是:将文档或查询以特征向量的形式表示出来,从而将对文本的处理转化成对向量的运算,并以

向量相似性来映射文档的似然度。通常表示文本特征的是 Term（词项），用
TFIDF 值来表征权重，而衡量向量间相似度则使用余弦函数。

最初，话题发现被理解为是对大量的新闻报道进行归类，因此，在使用方
法上集中在以向量空间模型为基础的聚类方法上。其基于这样一种假设：话
题相近的文档在内容上相似，因此，将文档向量化以后，核心步骤是衡量特征
之间的似然度（Similarity）。但是针对由新闻报道组成的数据流所使用的话
题发现方法，直接应用到社交网站的文本里就存在较大的局限性，这是由于
在微博、Twitter 等文本中用户贡献出的数据内容简短，用语不规范。那么，
单纯以词项作为特征去规划一个 VSM 模型会产生众多问题，数据稀疏性问
题尤为显著。因此，计算机学界对这一问题进行了针对性改进，使 VSM 能够
适用于社交网站数据。总体来说，要求选出的特征和计算的权重要能够足以
代表文本内容，体现文本间的差异性，而似然度的计算度量方法也要能够准
确反映特征的不同。

Paige H. Adams 比较了社交网站数据中集中特征选择和权重计算方法
对似然度度量的效果，并分析出了社交网站数据的以下几个特点。

（1）话题倾向于以时间聚集，新话题可能来自先前的话题，在新的话题被
引入或者自身消失之前，当前的话题会有一段维持的时间。

（2）不同的话题会交错出现。

（3）对某一特定话题而言，其参与讨论者会发生变化，但通常而言，话题
的核心参与人较为稳定。

根据这样的数据特征，作者指出了对传统特征计算权重的改进方法。

针对特征（1），在似然度度量过程中，加入 Time Distance Penalization（时
间距离惩罚）系数，以求得扩大时间相近数据的似然度，相对应地，同时减少
时间差距大的数据之间的似然度。

针对特征（2），作者使用了上位词（Hypernym，概念上外延更广的话题
词），解决由于以词项为特征而带来的即使话题相同，但由于表述不同造成语
义相似而词项似然度较低的问题。

针对特征（3），考虑到相同作者发布的信息具有更高的概率会进入相同
话题下，作者将用户昵称信息指派给每一个特征向量，对相同用户发布的数
据给予更高权重。

Hila Becker 等则分析了社交网站数据中上下文信息的特点，这些上下文
信息包括文本和非文本，即用户给出的标题、标签以及自动生成的信息，如时

间、地理位置等。借助这些上下文,作者对各种社交网站数据的似然度度量技术进行归纳,并指出虽然社交网站数据噪声较大,基于单个特征的算法很难有效实现话题聚类,但综合使用包括文档内容、上下文数据等,还是能够实现话题聚类的。综合而言,给出了以下优化方式。

(1) 对于文本内容的特征,仍然使用词项,以余弦函数计算似然度。

(2) 对于时间日期特征,以分钟数为单位标记,时间间隔越长,似然度越低,如果两个数据的时间间隔超过了 1 年,则其似然度标记为 0。

(3) 对于地理位置特征,以两个文档的经纬度距离为基本变量,通过函数计算其似然度。

综合考虑了特征选择和似然度度量后,聚类算法的选择也是必须要考量的。由于社交网站数据是不断涌入的数据流,实时性强且规模大,在聚类算法选择中必须选择可扩展且不要求聚类数目先验确定的算法,因此,增量聚类(Incremental Clustering)算法被提出,该算法轮流考虑每一条信息,并根据信息与当前聚类的相似度判定其类别归属。在这一算法中,只对数据进行一次扫描,动态调整参数,适用于数据不断涌入、聚类类别个数不断增加的场景。

对于每一个社交网站数据,单遍增量聚类方法将其与每一簇的相似度进行似然度度量计算,如果其与某一簇的相似度达到阈值则被归入这一簇中,如果遍历之后判定其与所有的簇都不相似,则为其新建一个类并将其放入其中。

2. 基于词项关系图的话题发现

在 NLP 技术中,词项共现(Term Co-occurrence)是在信息检索中得到成功应用的技术。其核心思想在于,词与词之间共同出现的频率高低能够在一定程度上反映词项间是否存在语义的关联。最初这一技术被用来计算文档的似然度,随后则被用来完成话题提取、摘要等。

共现的方法基于这样一种假设:在语料的集合中,如果两个词在某一文档中频繁共现,则这两个词可以被认为是稳定组合,共现频率越高则词与词之间的紧密程度越高,反之则越低。可以进一步推及,话题可以由一系列关键词进行描述,而在同一话题下的不同文档,其实倾向于使用相同、相似的关键词,即同一个话题下的词项间共现频率高,而不同话题下的词项共现频率低。因此,通过对文档计算内部的词项共现情况,就可以获得哪些词是描述同一个话题,也就能够发现文档内部的话题情况了。

基于这样的想法,通过词项共现来完成话题发现是可行的路径。在算法中,将词项共现的关系用图表示出来,从图中能够直观发现词项联系的紧密程度,进而形成词的簇,每一簇即为一个话题。

这一方法大致可以分为三个步骤。

步骤1:根据词项的共现频率构建共现图;

步骤2:在共现图中执行发现算法,形成对特定话题进行描述的社区;

步骤3:对原始文档集合中的所有文档进行遍历,进而指定其相关的话题词项集合。

(1)基于词项构建共现图

在基于共现词项的方法中,一般以词项作为共现图的节点,但是由于不同词项的重要程度不同,出现在共现图中的词项不需要是文档中所有的词汇,而是切词后获得的重要关键词作为节点,这是由于文档中的重要词汇对该文档有更好的标记性,也能够带来更好的识别能力。而关键词的识别,就可以用上文的切词结果,以及结合我们所构建的传媒专业词典进行标注。

选定作为图中节点的词项后,下一步是构建节点之间的边。在共现图中,这一构建过程需要能够反映词与词之间的共现关系,即若两词在至少一篇文档中共现,则在两词之间建立一条边。

构建好基本的共现图之后,为了降低图的规模,剔除图中的噪声信息等,这一图需要进一步处理。简单而言,是统计词项之间的共现次数,并移除低于阈值的边。

(2)在共现图中执行社区发现算法

如前文所描述的假设,若两词间具有共同的话题性关系,则这两个词应该会有较高的共现频率,正是基于这一假设,我们构建了上一步中的共现图,也即一个以共现关系为基础的词项网络。在这样的共现图中,描述相同话题的词项联系紧密,共现次数高,而描述不同话题的词项则共现频率低。基于这一共现图,借鉴社区发现的思想,我们可以对该图进行划分,形成不同话题的“社区”,或者说“簇”。

在社区发现算法中,使用介数中心度(Betweenness Centrality)来发现两个社区之间的连接边。这一算法的基础思想是:对于两个社区之间的连接边,在计算从属于两个不同社区的节点之间的最短路径时,必然会走过该边,但这一类边的介数中心度会较高。而计算介数中心度就可以发现这一类连接边,将其移除后就切断了两个社区的连接,最终能够得到独立的社区,也即发现了话题的“簇”。

而如果话题间相关性非常弱,那么,不同话题之间基本无联系,不同的词项集合之间就不会有连接边,在这种情况下,可以直接发现非连通子图,进而发现话题。

(3) 对文档集合进行遍历,并标记其所属话题

在确定话题社区后,需要对原始文档集合进行遍历和判断,以识别每一篇文档和话题之间的从属关系。对于每一个簇,某文档中出现该话题的比例越大,则表明该文档与该簇的关联性越大。在这一步骤中,我们将话题簇的特征项定义为其中的每一个词项,从而形成特征向量集合,并将任务数学化为计算话题簇与文档之间的似然度。这一计算可以使用交集,也可以使用余弦值来度量似然度。

3. 内容银行内容评估中的话题聚类:综合运用向量空间模型和词项共现,使用 K-means 算法

综合上述两种话题发现的模型,考虑到微博、豆瓣等文本的特征,在内容银行内容评估中,我们综合了向量空间模型中的多个特征值选取,并基于自建的词典优势,凸显词项作为特征值的重要性,使用 K-means 算法,反复测试 K 值后,取得了不错的聚类结果。

K-means 算法是"一种简单的迭代型聚类算法,它将一个给定的数据集分为指定的 K 个簇",[①]该算法的实现和运行都很简单,效率较高且便于修改,因此实际应用非常广泛,可以说是数据挖掘领域中最为重要的算法之一。

从步骤上看,与前文所述的词项共现方法的步骤大致相同,并在最后加入一个人工筛选的步骤。

步骤 1:根据词项的共现频率以及时间、用户等特征构建共现图。

步骤 2:在共现图中执行发现算法,形成对特定话题进行描述的社区,但设定社区的个数,需要通过对 K 值的重复设定,递归地挑选出豆瓣、微博等不同平台最合适的 K 值,进行针对性的 K-means 执行。

步骤 3:对原始文档集合中的所有文档进行遍历,进而指定其相关的话题词项集合。

步骤 4:对输出的聚类,设定输出页面进行人工挑选。人工选择后的结果与原始结果进行对比,供后续机器优化算法使用。

---

① 莫倩,张渝杰,胡航丽,张华平.一种混合的股评观点倾向性分析方法.计算机工程与应用,2011,47(19):222~225.

通过这样的算法设定，一方面，实现了对不同平台的针对性算法调优；同时，加入了部分人工监督过程，使得算法能够取得更加准确的聚类结果。

表 3.7 中，为我们选择微博中《太阳的后裔》的数据，分别是执行向量空间模型、词项共现算法和 K-means 算法（经测试后设定微博的 K 值为 35）得出的结果对比。

表 3.7　《太阳的后裔》不同聚类算法结果对比

	向量空间模型	词项共现算法	K-means 算法
话题个数	50	48	35
有效话题个数	28	31	28
话题命中率/%	56	64.6	80

最终得出的话题列表如表 3.8 所示（原始数据为词项，话题聚类结果中均含有"太阳的后裔"这一词，在列中将其删除了，第三列中为笔者将其整理成句子形态的聚类结果）：

表 3.8　《太阳的后裔》话题聚类结果

序号	话题聚类结果	编辑后的话题结果
1	KBS 播出周三、周四同步	韩国 KBS 周三、周四播出，国内同步
2	爱奇艺会员延迟特权	爱奇艺会员特权，非会员延迟一周
3	《星你》《太后》两年半过气	《星你》两年半过气，《太后》正火
4	特种兵韩国保险诈欺	韩国特种兵保险诈欺案
5	中国军旅题材电视剧学习	中国军旅题材应学习《太后》
6	淘宝女主披肩、衬衣热卖	淘宝网《太后》、女主服装热卖
7	宋慧乔冻龄女神护肤秘诀	宋慧乔冻龄女神护肤秘诀
8	双宋 kiss 节奏韩剧加快第八集	突破韩剧第八集 kiss 节奏，双宋 kiss 节奏加快
9	宋仲基撩妹技巧男神	男神宋仲基撩妹技巧高
10	宋慧乔撩汉女神	宋慧乔撩汉不落后
11	国民老公王思聪、宋仲基成为	宋仲基打败王思聪成国民老公
12	韩剧产业造星发达	韩剧造星产业发达
13	宋仲基肌肉健身	宋仲基健身，肌肉性感迷人

序号	话题聚类结果	编辑后的话题结果
14	宋仲基、黄致列欧巴席卷	韩国欧巴席卷中国
15	邂逅双宋乌鲁克第四集	第四集,双宋乌鲁克邂逅
16	乌鲁克地震支援第七集	乌鲁克地震,医疗救援队被困
17	宋慧乔绑架军火遇险	宋慧乔遭军火商绑架遇险
18	男二腹黑 BOSS	腹黑男二才是大 BOSS
19	姜暮烟拥抱柳时镇主动	姜暮烟主动拥抱柳时镇
20	CP 救援发糖下厨	救援 CP 双双下厨发糖
21	沉船取景地美丽	双宋约会取景地美丽沉船
22	柳大尉流泪心疼老公	心疼老公,柳大尉流泪
23	告白宋仲基理直气壮吃醋医生	宋仲基吃醋,医生理直气壮告白
24	徐上士金智媛表白	徐上士对金智媛表白
25	大学生宿舍模仿秀	大学生宿舍上演《太后》模仿秀
26	系鞋带、扎头发撩妹高段	柳时镇实力撩妹,系鞋带、扎头发技巧高段
27	爆棚男友力鸡汤风波	鸡汤风波,宋仲基男友力爆棚
28	大尉分手被甩	两人分手,大尉又被甩

(三) 话题演化的模型和算法

由于社交网站中数据不断动态更新,如何跟踪用户的话题讨论情况、了解话题的发展趋势及演化,成为一个关键问题。随着时间的变化,话题内容可能发生变化,话题的强度也会经历高潮、低潮之间的起伏。有效地按照时间顺序不断发现话题、获取话题的演进情况,帮助实现对话题的追踪具有重要的现实意义。尤其对于传媒业者而言,实际上最终的话题有助于衡量内容本身在观众中反馈的变化,以及制作者对于内容的更新是否收到了预期的效果。

在早期研究中,话题追踪(Topic Tracking)主要聚焦于话题在时间中的动态性,其主要手法是对文本进行过滤,使用分类策略进行话题追踪,但早期的研究没有利用到词项的时间特性。随着主题模型的提出,在主题模型中利用时间特征,研究话题演化成为社交网站文本研究的热门课题。当前,在话题追踪领域主要有两种方法:一种是朴素话题演化,该方法应用范围最为广泛;另一种是 LDA 主题模型方法,该方法精度较高。

1. 朴素话题演化方法

朴算话题演化方法是社交网站话题演化研究中最常用的方法,其思路是:在每个时间片使用话题发现方法,然后分析比较相邻时间中的话题,得出关键字的相似性,以分析话题的演化和推进情况。

由于社交网站的数据是大量地不断产生,因此,考虑成本及效率因素,在出现新数据后,对整个数据集合重新执行话题发现算法是不可能实现的。所以,在朴素话题演化中,往往会设定固定大小的时间窗口,用话题发现算法计算固定时间窗内出现的话题和上一个时间窗的话题,得出相似与不同,并得到话题演化的结果。

考虑到社交网站上数据文本噪声多、文本长度短、话题演化速度快等特征,对于朴素话题演化方法,Jintao Tang 等提出了语义图模型。在该方法中,针对上述社交网站数据特征,通过引入已有的规整知识集合,如维基百科、百度百科等来解决。对于任意数据,该方法将实体的名字和百科中的词条作为节点,利用图编辑距离(Graph Edit Distance,GED)作为权重,构建语义图,不相关的概念和噪声则通过图聚类算法被过滤。同时,根据时间窗的设定和数据的更新情况,更新模型并对话题进行跟踪。

该方法的优势包括以下几点。

第一,由于是基于语义的模型,因而能够解决同义词问题。而使用传统的切词不可能区别词语语义,所以对于同样话题下的同义词容易被忽略。但由于引入了成熟的知识库,在维基或百度百科中同义词有关联链接,从而能够将所有的同义词聚拢到其所属的概念下。

第二,该算法能够有效过滤噪声。

第三,由于使用的是语义模型,所以对话题演化的适用性非常好。

2. LDA 主题模型方法

作为话题发现中的一种较为流行的方法,主题模型在社交网站的话题演化中也有广泛应用。

基于 LDA 的话题演出基本思想为:首先,设定时间窗,将社交网站的文本数据流按照时间窗进行切分。其次,对这些不同时间窗内的数据进行建模(采用 LDA 模型),产生的结果为每个文档一个话题集,而每个话题都是词的多项式分布,因此可以得到话题—词和文档—话题的分布情况。最后,采用后验和先验概率的关系保持话题间连续性——将前一个时间窗内的话题—

词概率分布加上权重 W 作为当前时间窗的先验概率，建立 LDA 计算模型。根据文档—话题和话题—词的概率分布在不同时间窗内的变化情况，得到话题演化情况的结果。

由于这一模型在处理当前数据时，不需要对之前时间窗内的数据进行运算，从而实现了节约资源、能够处理大规模语料的目的，适合社交网站这种实时大数据环境下的话题演化追踪。

LDA 模型的另外一种常见应用是在科研应用中的话题演化，其提出了话题继承模型和话题演化图的方法，能够实现对同一话题下不同研究论文的时间串联，并能够帮助用户定位出最需要阅读、最感兴趣的论文。

第四节　指　数　计　算

上面的章节中，总结了在内容银行内容评估系统中根据抓取到的文本内容进行深度的文本挖掘，其包括 3 个层面：切词、情感倾向性和自动聚类。这 3 种方式可以分别得到用户对内容的关注点、好感度和讨论话题，并能够有助于内容方进行调整。

而除了进行文本挖掘之外，对于数值类的内容，需要进行一定的加工后得到有价值的结论。

在传统的收视率统计中，其根本思想是根据样本户数据推及全国的收视情况，给内容进行排名。而互联网上的开源数据，也可以支持对内容的排名运算。

一、互联网上的主流排名算法

随着互联网的逐渐普及，数据量越来越大，对于用户而言，如何能够从大量的信息中快速地定位到重要信息就成为影响网站体验的关键因素。因此，众多的互联网站设计了多种排名算法，以图将热门的内容呈现在用户眼前，也即对信息进行排序。这种排序的依据可以是信息本身的特征，也可以是用户对信息的反馈（如投票等）。由于用户可以通过点击、点赞、评论等多种方式对内容进行投票，这种基于用户行为的排名算法也更加能够贴近用户的需求，因此，众多网站的信息排名都是基于用户行为。

（一）简单地按照用户互动次数多少计算排名

排名算法中，最为简单、直接的方式，就是按照单位时间内用户的投票数进行排序,票数最高的排在最前列。这是早期大多数互联网网站使用的一种排名算法,当然,基于用户的行为可能有不同的依据。例如,在国际信息服务网站美味书签(Delicious)上的"热门书签排行榜",就是基于这样的一种简单统计方式。按照过去 60 分钟内被收藏次数对文章进行排名,榜单的更新频率是每 60 分钟一次。

Delicious 网站的这种榜单生成方法简单、易操作,且更新较快,但缺点也很明显。一方面,每小时更新,排名变化过于剧烈,另一方面,由于没有考虑时间的因素,热门内容非常容易在长时间内都占据榜单前列,但新晋内容则很难崭露头角。而这种缺点,在网络社区 Hacker News 的应用中得到了弥补。

在 Hacker News 中,对于每个帖子设置了投票按钮,如果用户认为该帖子很好就可以点击投票。基于每个帖子的投票数,社区的系统自动统计热门文章的排行。但是,在榜单中,并非只看得票数,而是综合考虑了时间因素,确保榜单不会长期被旧文章占据,并且给了新文章以进入榜单的机会。

其排名算法的实现方式为(使用 Arc 语言编写):

```
; Votes divided by the age in hours to the gravityth power.
; Would be interesting to scale gravity in a slider.

(= gravity* 1.8 timebase* 120 front-threshold* 1
   nourl-factor* .4 lightweight-factor* .3 )

(def frontpage-rank (s (o scorefn realscore) (o gravity gravity*))
  (* (/ (let base (- (scorefn s) 1)
         (if (> base 0) (expt base .8) base))
       (expt (/ (+ (item-age s) timebase*) 60) gravity))
    (if (no (in s!type 'story 'poll))
      (blank s!url)              nourl-factor*
      (lightweight s)            (min lightweight-factor*
                                   (contro-factor s))
                                 (contro-factor s))))))
```

代码中的数学公式为:

$$\text{Score} = \frac{P-1}{(T+2)^G}$$

在这一数学公式中,P 表示帖子的得票数,减去 1 以忽略掉发帖人投票对数据的影响。

T 表示距离发帖的时间(单位为小时),加上 2 是为了防止最新的帖子导致分母过小。G 表示"重力因子"(Gravityth Power),即使得帖子排名下降的因素,该重力因子的默认值设定为 1.8。[①]

在该公式中,3 个因素共同决定了帖子的排名,第一是得票数 P,得票越高,排名越高。第二个因素是距离发帖的时间 T。假设两个帖子的得票数一致,那么,相对新发表的帖子排名会在旧帖子前面,也即随着时间的变化,帖子排名会下降。第三个因素是重力因子 G,通过 G 值的数值大小,可以影响排名随时间下降的速度。G 值越大,排名下降越快。

Hacker News 这种改进的基于得票数的算法,综合考虑了时间要素且可以进行调整和更改,有效地避免了 Delicious 的简单排名带来的问题。

(二)基于赞成和反对票的排名算法

考虑到目前网络上,有相当多的应用与用户互动的手段不只是一种投票,而是设置了赞成、反对(例如,视频网站的点赞、点踩)两种方式。那么,怎样基于用户的赞成和反对票进行计算并给内容排名呢?如果两个内容 A 和 B,前者的赞数是 1 000,踩数是 80,而后者的赞数是 5 000,踩数是 900,那么,这两个内容何者在前,何者在后?

这方面的经典案例,是美国网上社区 Reddit。该网站排名算法考虑了 4 个变量:t、x、y、z。

(1)t:帖子的新旧程度

$$t = 发帖时间 - 2005 年 12 月 8 日 7:46:43$$

其中 2005 年 12 月 8 日是社区正式上线的时间。t 以秒为单位,使用 Unix 时间戳进行计算。一旦帖子被发表,该 t 值就固定下来了。新帖子的 t 值会越大,因为与社区成立时间距离更远。

(2)x:赞成票与反对票的差

$$x = 赞成票数 - 反对票数$$

(3)y:投票方向

y 共有 3 种取值方式,若 x 为正,也即赞成票多于反对票,则 $y=1$;

若 x 为负,也即反对票多于赞成票,则 $y=-1$;

若 x 为零,也即赞成票、反对票数量相等,则 $y=0$。

(4)z:帖子受赞成/反对程度

$$z = \begin{cases} |x| & (x \geq 1) \\ 1 & (x < 1) \end{cases}$$

---

① 阮一峰. 基于用户投票的排名算法. http://www.ruanyifeng.com/blog.

z 是 x 的绝对值,也即用户所投出的赞成票与反对票差值的绝对值。若用户对帖子的评价、赞成或反对占到了绝对优势,那么 z 值就越大。而当赞成和反对的票数相当,则 z 取值为1。

在这4个变量基础上,可以得到 Reddit 网站的计算排名公式:

$$Score = \log_{10} z + \frac{yt}{45\,000}$$

该公式由两部分组成,其中:

对数部分的含义是,z(赞成票与反对票的差额)越大,得分越高。

使用以10为底的对数,意味着所有人的投票权重完全一样,这一部分与投票先后无关,z 的大小与变量 t 没有关系($z=10$ 可以得到1分,$z=100$ 可以得到2分……)当赞成票等于反对票,$z=1$,$\log_{10} z=0$,这部分就不产生分值。

分数部分的含义是,t 越大,得分越高,即新帖子的得分会高于老帖子。而 45 000 作为分母(等于12.5个小时),在这种情况下,帖子每过一天,若其他数值不变,得分就会降低2分。

综合第一部分和第二部分的话,若第二天某帖子想要获得和第一天同样的排名,那么该帖子得到的净赞成票必须多100倍。

如前所述 y 共有3个值:当赞成票占多数,y 为正1时,分数部分也就为正数,起到加分的作用;反之,y 取值为负1时,这一部分就成为了负数,为帖子扣分;当赞成和反对票相等,y 为0时,整个分数部分也就等于0。这一设计的结果是得到大量的赞成票,且赞成票多于反对票的帖子会排前,而赞成、反对票差距不大的帖子会在榜单的后端,反对票占多数的帖子,则会居于榜单的末尾。

综合来看,发帖时间决定了 Reddit 网站上的文章排名,非常受欢迎的文章会排前,普通受欢迎和争议性文章(赞成票和反对票相近)排名居后。这种算法存在一个问题,即对于争议性文章的处理上,假定两篇文章同时发布,A 有10个赞成,1个反对,而 B 有900个赞成,900个反对,排名上 A 必然会高于 B,这其实反而淹没了热度高的内容。

当然,选择这种排名算法其实也就意味着 Reddit 本身的定位不激进,而是贴近大众喜好,不会将一些有争议的少数派观点推到前台。

（三）基于三种变量的投票排名算法

Reddit 的排名算法特点是,由于用户既可以赞成也可以反对,因此,除了时间因素外,考虑两个变量就足够进行排名了。但有一些特殊网站,其在排名中要考虑的因素更多,例如,程序员问答社区 Stack Overflow。

在 Stack Overflow 社区中,用户可以提出各类关于程序的疑问等待解答,而其他用户则可以对这一问题投票赞成或反对,以表示他们对该问题价值性的判断。当该问题被回答后,这一答案也可以被投票,同样是既可以赞成也可以反对。那么,对于 Stack Overflow 而言,排名算法要解决的问题就是:寻找到某一段时间内的热门问题,也即哪些问题最受关注。

在 Stack Overflow 社区中的问题里,每个问题前面有代表问题得分、回答的个数和这一问题的浏览次数 3 个数值,基于这 3 个数值,Stack Overflow 设计了其排名算法:

$$\text{Score} = \frac{(\log_{10} \text{Qviews}) \times 4 + \dfrac{\text{Qanswers} \times \text{Qscore}}{5} + sum(\text{Ascores})}{\left((\text{Qage}+1) - \left(\dfrac{\text{Qage} - \text{Qupdated}}{2}\right)\right)^{1.5}}$$

各个变量的含义为:

(1) Qviews:问题的浏览次数

某问题被浏览次数越多,则得分就越高,使用对数形式进行计算,则是为了适当降低浏览量的影响,以防当浏览量过大时,对整体的分值造成太大影响。

(2) Qscore:问题得分

Qscore=赞成票−反对票(对问题本身的赞成和反对),这代表了用户对问题质量的判断,该值越高,说明越多用户认可该问题。

(3) Qanswers:该问题的答案数量

Qanswers 表示有多少个答案,值越大,得分越大,且得分是被成倍放大的。而如果没有人回答这一问题,则这时候 Qscore 的作用就完全被消除了,也就是说,即使某一问题被赞很多次,无人回答也不能够视为热门话题。

(4) Ascores:回答得分=赞成票−反对票(对答案的赞成和反对)

在问答性的社区中,问题虽然能够激发起讨论,但实际上更为引人关注的还是答案的质量。这一得分越高,说明答案的质量越高。而 sum 就表示对该问题下面所有回答的加总计算。

一般来说,"回答"比"问题"更有意义。这一项的得分越高,就代表回答的质量越高。

(5) Qage:当前时间与该问题被发表时间之间的时间差

(6) Qupdated:当前时间与该问题最后一个(最近一个)回答的时间之间的时间差

Qage 和 Qupdated 都以秒为单位。如某一问题已经被提出很久,或者已经很久没有人回答该问题,那么,这两个值就会增大。一般情况下,这两个值都会越来越大,也即分母会变大,总体上的得分也会下降。

(四)威尔逊区间法

前面的3种方法是在讨论如何给出某一时间段内,例如"过去一小时",或者"过去24小时"等时间段内的排名情况。但是在很多的网站和应用中,需要考虑过往时段内的综合排名,挑选出诸如最受好评的产品、文章等。在这样的需求背景之下,不需要考虑前面算法中应用到的时间因子了。

1. 实际应用中出现的两种错误算法

在实际应用中,以挑选用户最喜欢的内容为出发点,众多网站进行了实践,其中两种错误方式较为明显:

(1)得分 = 赞成票 - 反对票

例如,Urban Dictionary 就运用了这种简单的方式。但这种方式的问题在于,虽然考虑了赞成票和反对票的差额,但实际上,有可能差额较大、看似被赞成更多的评价对象其赞成率并不高。例如,表3.9中所列举的数据,即可说明这一情况。

表 3.9　Urban Dictionary 算法结果

评价对象	赞成票	反对票	得分情况	实际好评率/%
A	100	70	30	58.8
B	1 000	900	100	52.6

在这两个项目中,A 的得分 30 明显低于 B 的得分 100,但是从好评率的角度上看,A 又大大优于 B。所以说,这种算法明显是错误的。

(2)得分 = 赞成票 / 总票数

与前一种恰恰相反,考虑了好评率的问题,但是忽略了好评与差评之间的差值。

这是亚马逊在其电商网站中所使用的评分算法。

仍然以表3.10中的两种情况进行对比说明:

表 3.10　亚马逊评分算法结果

评价对象	赞成票	反对票	得分	赞成与反对的差值
A	5	0	1	5
B	100	10	0.91	90

若使用这一算法,那么 A 应该在排行榜中高于 B,甚至 A 会高于几乎所有产品,因为其赞成率达到了 100%。但实际上,A 的热度并不高,与 B 相比,应该被归为冷门。或者,以统计学模型的思路来考量,由于样本数量过少,A 的赞成率数据实际上是不可靠的,也不能够反映现实情况。

所以,以这种简单计算赞成率的方式进行排名,很难产生理想的效果。

2. 基于二项分布的威尔逊区间法

威尔逊区间法基于这样的假定:

(1) 每个用户的投票都是独立事件;

(2) 用户只有投赞成票或者反对票两种可能;

(3) 若 n 为总投票人数,k 为赞成票票数,那么赞成票的比例 p 就等于 k/n。

这种假定,也即统计学中的"二项分布"(Binomial Distribution)。

一般情况下,P 越大,则该对象的好评比率越高,相对应地,在榜单上的位置就应该居于前列。但是,如前文的错误算法中所展示的,好评率应该建立在一定数量的样本基础之上,否则该好评率就不可信。

由于 p 是"二项分布"中某个事件的发生概率,因此存在一个置信区间。在这里我们可以计算出 p 的置信区间。"置信区间"也即以某个概率而言,p 会落在的区间。比如,某个评价对象的好评率经计算得出为 80%,但这一好评率只有 95% 的可能性,那么,该评价对象的好评率有 95% 的可能性落在置信区间(75%,85%)内。

而置信区间的宽窄又与样本数量的多少有关。例如,某一评价对象 A 的赞成票和反对票的数量分别是 4 和 1,那么其赞成票的比率为 80%;而另一对象 B 的赞成票和反对票的数量分别是 400 和 100,其赞成票比率同样为 80%。对 A 和 B 而言,明显 B 的赞成票比率的结果可信度更高,其置信区间窄,而 A 的置信区间则会更宽。

据此,可以得到这样的排名算法:

(1) 对每一个评价对象,根据赞成和反对的数量计算其"好评率"(赞成的比例);

(2) 以 95% 的概率计算这一好评率的置信区间;

(3) 在排名中,取置信区间的下限。

这种算法的核心思想就在于通过利用置信区间去修正可信度,以弥补样本量少所带来的失真的影响。若样本少,则可信度差,需要进行较大的修正,若样本多,可信度高,需要进行的修正程度就较小,取置信区间的下限,就能够获得较为理想的排名结果。

对于二项分布置信区间的计算方法有很多种,最常用的是正态区间。但正态区间适用于大样本情况($np > 5$ 且 $n(1-p) > 5$),小样本的准确度差。

针对这一情况,美国数学家 Edwin Bidwell Wilson 于 1927 年提出了被称为“威尔逊区间”的修正公式。

$$\frac{\hat{p}+\dfrac{1}{2n}z_{1-\alpha/2}^2 \pm z_{1-\alpha/2}\sqrt{\dfrac{\hat{p}(1-\hat{p})}{n}+\dfrac{z_{1-\alpha/2}^2}{4n^2}}}{1+\dfrac{1}{n}z_{1-\alpha/2}^2}$$

其中 $\hat{p}$ 表示样本的好评率(赞成票比率),样本的大小表示为 n,而公式中的 $z_{1-\alpha/2}$ 用以表示对应某个置信水平的 z 统计量。一般情况下,在 95% 的置信水平下,z 统计量的值为 1.96。

如下公式为威尔逊置信区间均值:

$$\frac{\hat{p}+\dfrac{1}{2n}z_{1-\alpha/2}^1}{1+\dfrac{1}{n}z_{1-\alpha/2}^2}$$

相对应地,所计算出的区间中的下限值为

$$\frac{\hat{p}+\dfrac{1}{2n}z_{1-\alpha/2}^1 - z_{1-\alpha/2}\sqrt{\dfrac{\hat{p}(1-\hat{p})}{n}+\dfrac{z_{1-\alpha/2}^2}{4n^2}}}{1+\dfrac{1}{n}z_{1-\alpha/2}^2}$$

在威尔逊区间中,当样本量(n)足够大,下限值会趋近于好评率(赞成票比例)$\hat{p}$。而如果样本量很少,也即投票人数少,那么该下限值就会比好评率(赞成票比例)$\hat{p}$ 低很多。通过这样的方式,就降低了小样本情况下好评率在其中所起到的作用,使得该评价对象的得分降低。

(五)基于先验概率的贝叶斯平均法

威尔逊区间法解决了样本量过少(投票人数过少)情况下所导致的好评率可信度不够的问题。但这种算法带来的另一个问题是,投票数高的内容总是居于前列,而新的评价对象由于样本量不足,往往难以上榜。

而 IMDB 对于贝叶斯平均法的应用则可以解决这一问题。

1. 使用贝叶斯平均法进行评分

IMDB(Internet Movie Data Base,互联网电影数据库)是一个关于电影演员、电影、电视节目、电视明星、电子游戏和电影制作的在线数据库,是全球最大的网上电影资料库,也是网上第一个完全以电影为内容的网站,创建于1990年,几乎囊括了全球所有电影以及 1982 年以后的电视剧。就电影而言,IMDB 的电影资料中包含着丰富的信息,不仅有影片演员、导演、剧情、分级、片长、影评等基本信息,也有影片相关的花絮琐事、片中漏洞、不同版本、屏幕尺寸、影片音轨等更深层次的信息。据不完全统计,IMDB 收录了共 2 362 964 部作品以及 4 948 789 个人物的资料。Top 250 与 IMDBPro、用户个人数据库更是被奉为 IMDB 的三大王牌产品和业务。

IMDB 的 Top 250 电影排行榜的评分方式一直被业界看作经典,平均每月有高达 2000 万的电影爱好者访问 IMDB 评分系统。IMDB 以数学公式为基础,建立了一整套的科学评分算法来为电影内容计算评分。因此,IMDB 的电影评分也被认为是权威,我们日常生活中看到的电影评分几乎都援引于此,因而具有很大的参考价值。

在 IMDB 上,观众可以对每部电影投票,最低为 1 分,最高为 10 分。

系统根据投票结果,计算出每部电影的平均得分。然后,再根据平均得分,排出最受欢迎的前 250 名电影。

在这种对电影排名的算法中引出了一个问题:由于不同影片的定位不同,热门电影的受众群较广,而冷门电影如文艺片等受众人群少,必然会产生前者投票人数多,而后者投票人数少的现象。因而单纯用投票人数去衡量一部电影的价值就有失公允,使用威尔逊区间法反而会让小众电影的投票结果更低。在这种情况下,合理的解决方案应该是:至少请同样数量的观众给出评分。而若小众电影的评分人数少,那么,就应该为其增加一些观众。[①]

IMDB 的计算公式为:

$$W=\frac{Rv+Cm}{v+m}$$

R = average for the movie (mean)(普通的方法计算出的平均分)

v = number of votes for the movie(投票人数,经常投票者才会被计算在内)

m = minimum votes required to be listed in the Top 250 (currently 25 000)(进入 IMDB Top 250 需要的最小票数,当前为 25 000)

---

① 阮一峰. 基于用户投票的排名算法. http://www.ruanyifeng.com/blog.

C = the mean vote across the whole report (currently 7.0)(目前所有电影的平均得分,当前为 7.0)

从该公式中,能看出 IMDB 为每个评价对象增加了 2.5 万张评分都为 7.0 的选票,原因是,假设所有电影都得到了 2.5 万张选票,那么就都具备了进入前 250 名的评选条件;然后假设这 2.5 万张选票的评分是所有电影的平均得分(即 7.0 分);最后,用现有的观众投票进行修正,由于投票人数是不断增长的,v/(v+m)的权重会增大,得分将慢慢接近真实情况。

这种算法被称为"贝叶斯平均"(Bayesian average)。因为某种程度上,它借鉴了"贝叶斯推断"(Bayesian inference)的思想:既然不知道投票结果,那就先估计一个值,然后不断用新的信息修正,使得它越来越接近正确的值。[①]

在这个公式中,使用总体平均分 m 来代表贝叶斯推断中的"先验概率",每一次观众投票都会使总体平均分向真实投票结果靠近。投票人数越多,"贝叶斯平均"就越接近算术平均。

因此,这种方法可以给一些投票人数较少的项目以相对公平的排名。

2. 提高评分者的门槛,从而提高评分质量

值得注意的是,在 IMDB 上,并不是所有人都可以成为投票者,只有"regular voters"才有资格进行 IMDB Top 250 的投票,而如何能成为所谓的"常规投票者"却不得而知,有专业人士猜测大概是"投票电影超过×××部以上"、投票的时间与频率分布状况等类似的标准。IMDB 这样的做法旨在将 Top 250 的投票范围锁定在那些资深、理性的影迷上,防止因某类电影的影迷疯狂拉票而影响 Top 250 结果的权威性和专业性,同时,避免因只看票数或评分的片面评分方式而出现影片质量与排名极不相符的情况。

IMDB 的评分方式除了给出一个客观的得分,还能给出一份详细的投票人列表。在这个投票人列表中,可将分数根据不同的年龄段、不同性别、不同身份、不同国籍等归类呈现。在投票人列表中,有几个有意思的统计:一是表中第十五项"IMDB 员工"的评分;二是表中第十六项"Top 1 000 Voters"的评分。设计这两个统计值的本意与"Regular Voters"异曲同工,与"Regular Voters"一样,"Top 1 000 voters"的标准处于保密状态,目的都在于保证其公布的最终评分能最准确地反映"民意"。

当用户在选择更符合自己兴趣的影片时,投票人列表的作用便显现出

---

① 胡慧. LMDB:数据铸就电影专家. 广告大观(媒介版),2014(8):65~68.

来。例如，当你想看一部动画片时，将影片整体的最终得分作为参考之外，更应该参考和点选的是小于 18 岁，或者 30～44 岁选项的评分，因为这部分人才是这类电影的最大观众群，他们的评分更有参考价值。

从 Top 250 的评分方式中不难发现，IMDB 的用户质量对最后的评分起着至关重要的作用。因此，完善的用户个人数据库对 IMDB 来说是不可或缺的部分。在 IMDB 用户的个人数据库中，包含用户档案、用户清单、用户级别、最近观看 4 个部分，具体又细分为多个以用户行为为特征的子菜单。当用户的互动达到一定标准之后便可参与到 Top 250 的投票中。

二、内容银行内容评估体系：借鉴多种算法，综合文本评估结果进行 3 种量化计算

下面，笔者首先阐述在内容银行内容评估体系中，5 个模块如何进行组合和权重设计的理念，然后分别阐述不同目的下的评估方式和初步的实验结果。

（一）在不同的应用场景下，5 个模块的组合方式及权重不同

内容银行内容评估体系中，面临着根据抓取来的数据对内容进行排序的问题。内容银行内容评估体系共由 5 个模块组成，分别是全媒体收视、全媒体社交舆情、全媒体传播力、用户调研、专家调研。考虑到不同来源的数据具有不同的特征，因此，在不同模块有必要设定不同的计算公式进行单独运算。

而综合上文所述的互联网进行排序的几种主流算法，内容银行内容评估体系对基于时间的排名算法和忽略时间因素的排名算法都有所借鉴。

在对具体算法进行阐述之前，笔者拟先阐述不同应用场景下模块组合方式的差异，以及在计算过程中所运用的换算和权重思想。

1. 评估一定时间内的热度：使用收视、舆情、传播力模块

计算短时间内的内容价值，是考虑到内容本身有一定的时间效应，尤其在当下，观众的反馈实时性强，需要能够快速地评估某一内容在短时间内的市场表现。这与收视率、票房数据的目的相同。

在这一运算中，主要运用全媒体收视、全媒体社交舆情、全媒体传播力 3 个模块的数据进行计算，

由于是评估短时间内的内容表现，而用户调研指数和专家调研指数的获取需要较长时间成本，因而所收回的结果与短时间内的收视、舆情、传播力情

况未必属于同一时间段内的反馈。另外,客观数据可以较好地呈现内容在短时间内的实际表现。因此,在这一部分,不使用用户调研和专家调研,只由全媒体社交舆情、全媒体传播力、全媒体收视 3 个模块组成。

2. 评估长时间段内的经典内容价值:使用 5 个模块综合运算

内容银行同样需要让经典的内容浮出水面,凸显价值,从而能够为业界的生产、制作等提供方向性的指导。如 IMDB 的排行榜,其意义就在于,让看起来不那么热门、但价值优秀的电影能够获得认可。

以此为目的进行运算时,除仍然需要采集、计算、收视、舆情和传播力模块的数据外,用户调研和专家调研也会被采用。

首先,要判断内容的经典性,就不能只评估内容的收视表现,同时,还需要判断内容在大众中的美誉度等定性指标。内容银行内容评估体系可以通过对舆情文本的运算获得网络用户对内容的情感倾向性,但受限于网络用户的分布("80 后""90 后"占据绝大多数),仍然有较大的收视群体并未在社交媒体上进行讨论,因此,这一数据不能代表该内容在所有收视群体中的美誉度,这就需要利用用户调研模块进行相应的数据采集。

其次,内容多个维度的制作质量(包括剧情、摄像、配乐等)构成了内容是否经典的重要部分。对于这方面的判断,依靠网民在网络上发表的意见以及媒体的报道能够得到一些结论,但不具有权威性,需要调用专家调研模块,邀请相关领域内的资深人士进行评判,给出相应的分数。

总体上讲,从长时间的角度去评判内容的经典价值需要综合运用 5 种模块。

3. 对内容进行预测:强化用户调研模块、专家调研模块的作用

第三种应用场景,是对内容进行相关的预测。在内容生产前期以及播出机构购买版权时,都需要对内容价值进行预判,以降低风险。

基于历史数据和传媒领域的专业词典,内容银行内容评估体系可以建立起内容、内容要素之间的关联,从而对内容的表现进行预测,进而对内容产业的版权采购及投、融资等提供支持。

除了这种对历史数据的运算之外,在预测中,内容银行内容评估体系强调对用户调研模块和专家调研模块的运用。一方面,直接将相关的内容元素(如前期剧本、设定、样片等)呈现给观众,获得其反馈;另一方面,邀请业内有经验的一线人士进行基于经验的预判,提供有价值的参考意见,最终帮助内容调整方向,并形成对其价值的预测。

4. 基于新的场景可设计新的模块组合方式进行计算

以上列举的 3 种场景,是较为常见的 3 种需求,而在实际内容产业运作中可能会有新的需求发生。例如,考虑到内容本身在舆论引导上的作用,希望综合评价舆情和媒体报道等;或者只截取某一时间段内的数据,单独考量其收视和舆情;或者选取特定类型的大众及专家进行有针对性地调研等。

由于基础数据是经过清洗处理并存储在相关的数据单元中的,可以按照时间、类型等进行快捷调用,因此,可以随时设计出新的组合方式以满足新的需求。

5. 为实现模块内部、模块之间的加权运算,尽量让各个指数维持在相同区间内

在运算中,各个细分模块采取不同的方式进行计算,如应用贝叶斯平均法计算微博和豆瓣指数等,而当各个细分模块计算完成后,需要进行加权运算,这就面临着一个问题:让各个细分模块生成的指数维持在相同区间内,否则加权的结果会出现偏移,这就涉及换算的问题。

具体的处理方式笔者在下文中会进行详细阐述,在此拟说明处理的思路:无论是反映舆情的微博、豆瓣,或者反映收视的直播收视率、视频网站点击量等都是数值越高内容表现越好。而内容的表现,根据历史数据及对业界的深访调研,可以推断出当前的分布情况。

例如,对于大部分内容,其每天被讨论的微博数量不超过 10 万条,收视率不超过 0.5%,每天新增的视频网站点击量不超过 2 000 万等,只有极少数的内容可以做到微博讨论量过千万、收视率破 4%、视频点击量每天都破亿。而这样的分布情况是正相关的。基于这种正相关性,笔者按照不同平台的分布情况对数据进行了乘除运算,从而让各个指数维持在基本一致的区间内。

在本研究中,笔者使用的区间为 0~1 000。

6. 模块内部、模块之间各个组成部分的权重根据现实情况和需求不同可进行科学调整

对于全媒体收视、全媒体社交舆情、全媒体传播力模块,均由多种不同来源的数据组成。如全媒体收视包含直播收视率、视频网站点击量、数字电视点播量等,全媒体社交舆情包含微博、豆瓣、贴吧数据等,在计算时,这些细分模块的权重也各自不同,并可随时调整。

例如,在当前电视仍然是第一大收视终端,覆盖人群最广,而视频网站相对而言要弱于电视,数字电视的点播业务使用人数则更少,因此,在计算全媒

体收视指数时,对 3 个模块的赋权要体现这种分布特征。计算全媒体社交舆情、全媒体传播力同样如此。

而随着不同终端、业务形态的发展,相对应的用户人群也会发生变化,若视频网站的覆盖用户数超过了电视,那么,权值必然会发生相应的变化。如果出现了新的终端或者收视行为,也可随时加入全媒体收视模块中。

如上文所述,在各个模块之间,当场景不同会出现不同的模块选择和组合方式,因此,模块间的权重也会随时根据需求发生变化。

总体来说,应采用一种基于现实情况和需求、科学赋权的算法设计思路。

（二）评估在一定时间内的内容热度

在一定时间内,内容银行内容评估体系能够抓取到社交媒体的评论、网络媒体报道、视频网站的点击量等数据,基于这些数据的特征,并综合上文中文本分析的结果进行算法设计,可以衡量内容在一定时间内的热度。

1. 对于全媒体收视模块(由收视率、视频网站点击量等收视数据构成)

对于视频网站及数字电视而言,用户行为均为点击播放,这两者的计算公式类似。对于直播收视率而言,其与视频网站、数字电视的数据采集方式、内涵均有所不同。为将数据进行尽可能统一标准的转化,笔者采用了这样的想法:

视频网站点击量、数字电视点播量、收视率数据,都与其收视人数正相关,数值越高,代表观看人数越多。无论是点击量、点播量还是收视率,都有一个分布情况,大部分普通内容的数据表现稳定在某一区间内,如视频网站点击量,大部分内容的点击量不会超过 1 000 万次,而大部分内容,在当前时间内的收视率不超过 1%,众多黄金档的电视剧收视率大部分维持在 0.3% 上下,只有极少内容能够实现视频网站点击量单天破亿,或者收视率破 3、破 4。这样的区间分布情况对于点击量、点播量、收视率数据是相似的,因此,可以通过一定的乘除运算,实现对 3 个平台数据尽可能平衡的换算,进而实现加总运算。

（1）对视频网站点击量,使用下述公式:

$$\text{Score} = \frac{\sum_{i=1}^{n}\left[vv_i(t) - vv_i(t-1)\right]}{200\ 000}$$

其目的是计算某内容所有剧集在视频网站上的播放增长情况。

- vv 是指某一内容的所有剧集的点击量。$vv(t)$ 是计算当天的点击量,

而 $vv(t-1)$ 是前一天的点击量。爬虫以及 API 获取视频网站数据时，是按天获取，在存入数据库的过程中，同时会记录获取数据的时间戳，因此，这一计算是可行的。

- n 是获取的视频网站的数量。如某一视频在爱奇艺、优酷、腾讯视频 3 个视频网站上播出，则 $n=3$。
- 除数设置为 50 万，首先是将播放量转化为方便对比的分值。根据当前视频网站单个内容单天播放量的增长情况进行综合考量，从目前的经验数据以及笔者对相关视频网站从业人员的访谈来看，大部分内容单天增长量为 1 000 万以内，单天增长量超过 2 000 万的比例不超过 20%，极少数单天增长量突破 5 000 万，如《盗墓笔记》先导集上线 22 小时播放量突破 1 亿次是非常罕见的案例。当然，这种点击量存在显著优势的内容，通过简单的除法运算，其数据表现依然优异。总体上，通过这一运算将该指数控制在 1 000 以内，大部分内容的这一指数值不超过 100。
- 与收视率数据不同，视频网站的点击存在反复收看或者页面刷新带来的点击增长等问题。因此，实际上应该计算独立 IP 的单日不重复点击较为准确，但目前无论 API 或者爬虫抓取都不能够解决这一问题，因此，依然使用 vv 这一数据。

（2）对数字电视点播量使用类似公式：

$$\text{Score} = \frac{\sum_{i=1}^{n}\left[vv_i(t) - vv_i(t-1)\right]}{5\ 000}$$

这一公式与计算视频网站点击量类似，只有除数的设定不同。

将除数设置为 5 000，是根据当前数字电视业务平台单个内容单天播放量的增长情况进行综合考量的。从目前的经验数据以及笔者对相关数字电视运营商从业人员的访谈来看，大部分内容单天增长量为 30 万以内，单天增长量超过 50 万的比例不超过 10%，极少数单天增长量突破 500 万，如《琅琊榜》上线歌华有线，单天带动了 100 余万次的点播量。总体看，通过这一运算，将该指数控制在 1 000 以内，大部分内容的这一指数值不超过 100。

（3）对直播收视率数据，将收视率数据换算为指数的公式为：

$$\text{Score} = 20\ 000 \times 收视率$$

基于本部分的换算思想，通过这一运算，将收视率数据转换为与视频网站、数字电视同样区间内的数值。当前,大部分黄金档时段电视剧的收视率区间在 0.2%~0.4% 之间,能够破 1 已经是非常好的成绩,如《奔跑吧,兄弟》少数期实现了破 4,是极其个例。总体上,基本将该指数控制在 1 000 以内。

(4) 计算完成 3 个分指数后,需要计算全媒体收视指数。

使用下述公式进行计算:

$$\text{Score} = \sum P_i X_i$$

- 该公式为对直播收视率、数字电视点播量和视频网站点击数据进行加总。其中 P_i 指权重赋值,X_i 指不同模块各自的分值。
- 对于全媒体社交舆情指数,由于当前直播电视仍然是最大的收视平台,设定权重为 50%;视频网站权重为 35%;而数字电视点播、回看功能相对用户较少,权重设定为 15%。
- 未来根据各个播出平台用户情况的变化,这一权重分布可以随时进行调整。

2. 对于全媒体社交模块(由微博、豆瓣、百度贴吧等社交网站数据构成)以及全媒体传播力模块(由新闻网站报道和微信公众账号文章等媒体报道数据构成)

(1) 在单个模块(微博、豆瓣、贴吧、新闻网站报道及微信公众号文章)的运算中,采用的是下述算法:

$$\text{Score} = \frac{\sum_{i=1}^{n} [(a_i + 0.5) \times 影响因子]}{z}$$

- 由于是对一天内的数据进行评估,从而计算实时热度,因此所有的文本限定在一天以内。因为能够抓取到所有文本的时间戳数据,这一限定是可行的。
- a_i 是指对应文本的情感倾向性评价结果。之所以在公式中 $(a_i + 0.5)$ 是考虑到在本研究中情感倾向性的结果为 $[0,1]$ 区间内的取值,若 $a_i > 0.5$ 则为正向,反之则为负向,若 $a_i = 0.5$ 则为中性。那么,当 $(a_i + 0.5)$ 后,正面文本的影响因子会被加强,而负面文本的影响因子会被减弱。同时,由于我们认为负面文本同样能够在一定程度上代表内容的热度,因此负面文本的作用不会被减为负值。
- 影响因子是指文本的扩散程度。对于微博文本(此处利用新浪微博开放 API 接口仅筛选原创微博,转发微博不进行计算),该因子是指微博的转发量和评论量的加总；对于豆瓣短评，该因子是指短评的"有用数"；对于豆瓣长评，该因子是指长评的"10 * 回复数＋有用数"；对于百度贴吧的文章，该因子是指贴吧帖子的"楼层数"；对于微信公众账号文章，该因子是指文章的"$\log_{10}$阅读量"；对于新闻网站文本，虽然没有相对应的数据可计算，但我们根据来源不同，对于基于各个网站的权威性进行了赋值，那么该因子即为网站权威性赋值。

- n 为爬虫程序所能抓取到的当天所有文本的总数。
- 除数 z 是为了保证计算出的指数结果在合理区间内，与上文全媒体收视指数设定 20 万和 5 000 的除数思想一致。在这里，设定对微博的除数为 3 000，豆瓣的除数为 300，百度贴吧的除数为 1 000。

（2）分别计算完成各个平台的指数后，需要基于微博、豆瓣、贴吧数据计算全媒体社交舆情指数，以及基于网站和微信公众号报道计算全媒体传播力指数。

对这两个指数，均使用下述公式进行计算：

$$\text{Score} = \sum P_i X_i$$

- 该公式为对微博、豆瓣、贴吧、网站报道、微信公众号文章各自按照权重进行加总。其中 P_i 指权重赋值，X_i 指不同模块各自的分值。
- 对于全媒体社交舆情指数，由于微博用户数量最多，且相对分布更加均衡，因此权重为 50%；豆瓣用户数较少，但活跃度较高，且影评质量高，设置权重为 35%；而百度贴吧的内容水分较大，设置权重为 15%。
- 对于全媒体传播力指数来说，对网站和微信公众号的报道，虽然微信公众号起步较晚，但依托于微信的海量用户，已经形成了较好的阅读习惯，因此，这两部分的权重均设置为 50%。
- 未来根据各个社交平台、媒体平台的情况变化，如用户活跃度、用户分布情况、内容质量等，权重设置可随时调整。

表 3.11　2016 年 2 月 23 日全媒体社交舆情排行榜

排名	电视剧名称	豆瓣指数	贴吧指数	微博指数	全媒体社交舆情指数
1	《秦时明月》	68.66	419.66	398.25	265.52
2	《琅琊榜》	599.62	77.98	178.72	255.44
3	《太子妃升职记》	303.89	119.41	310.91	214.73

排名	电视剧名称	豆瓣指数	贴吧指数	微博指数	全媒体社交舆情指数
4	《花千骨》	156.23	260.87	62.90	130.00
5	《天天有喜》	33.25	337.25	55.86	112.12
6	《芈月传》	251.63	93.40	49.41	101.48
7	《伪装者》	247.77	44.33	91.70	97.93
8	《蜀山战纪》	709.3	141.69	164.16	85.59
9	《万万没想到》	70.45	48.36	240.34	89.71
10	《请回答1988》	183.62	57.05	35.41	62.01
11	《搭错车》	69.16	153.61	13.21	48.66
12	《少帅》	88.76	83.83	57.33	46.64
13	《废柴兄弟》	79.09	58.03	79.22	42.11
14	《煮妇神探》	58.26	40.68	52.50	30.48
15	《我是特种兵之霹雳火》	50.40	42.25	66.0	23.05

笔者应用此公式进行了实验,表3.11为2016年2月23日的电视剧全媒体社交舆情监测模块数据。

从整体数据表现上看,《秦时明月》以较高优势占据榜首,大热的《太子妃升职记》依然强劲,在豆瓣、贴吧、微博上都还有相当多的拥趸,而《琅琊榜》《花千骨》《芈月传》等大IP剧,虽然已经播完,但影响力不减,超过了热播的《搭错车》《少帅》《我是特种兵》等剧。

从题材上看,排名较高的几部电视剧均为古装或玄幻题材,刑侦、历史题材亦有一席之地,现实题材相对较少。

网剧的崛起值得瞩目,乐视出品的《太子妃升职记》、爱奇艺出品的《废柴兄弟》均在网络上引起了用户的广泛讨论。

韩剧《请回答1988》异军突起,虽然在各大视频网站并未播出,依然凭借超高的豆瓣评分以及相当的贴吧、微博热度杀入榜单前10。

3. 三个模块之间赋予不同的权重

对全媒体收视、全媒体社交舆情、全媒体传播力3个模块进行综合计算,可以得出在短时间内的内容热度综合指数,在内容银行内容评估体系中,我们采用的公式为:

$$\text{Score}_{CB} = \sum P_i X_i$$

对该公式进行解释：

(1) 该公式为对全媒体收视、全媒体社交舆情、全媒体传播力模块的指数结果,各自按照权重进行加总。其中P_i指权重赋值,X_i指不同模块各自的指数分值。

(2) 由于收视直接反映了内容在观众中的热度,因此,对全媒体收视指数赋予较高的权重,为50%;舆情是观众的讨论情况,相比于媒体传播力数据而言,更能体现观众对内容的讨论热情,因此,全媒体社交舆情、全媒体传播力各自的权重为30%、20%。

4. 基于内容银行内容评估模型进行电视剧评估示例

内容银行电视剧价值排行榜

2017.04

排名	剧名	传播指数	社交指数	收视指数	CB指数
1	《人民的名义》	865	444	1408	983
2	《剃刀边缘》	81	288	695	419
3	《择天记》	192	501	367	364
4	《漂洋过海来看你》	90	304	546	360
5	《外科风云》	125	320	379	298
6	《鸡毛飞上天》	76	358	379	297
7	《大唐荣耀2》	77	316	378	284
8	《因为遇见你》	89	275	378	275
9	《狐狸的夏天》	70	310	265	230
10	《鲜肉老师》	67	298	243	216
11	《黎明决战》	61	288	200	192
12	《全职高手》	73	375	125	187
13	《梦想X计划》	60	346	128	177
14	《热血尖兵》	62	274	153	167
15	《问题餐厅》	63	266	155	165
16	《无间道》(第三季)	76	288	125	162
17	《神兽麻将馆》	61	210	140	141
18	《恶魔少爷别吻我》(第二季)	63	210	125	135

CB指数是在传播、社交、收视三项指数的基础上,综合计算得出内容银行价值指数
指数计算数据来源：各大新闻、搜索、社交、视频、电视媒体

从上面的排行榜来看,2017年4月的电视剧可以分为两类,即《人民的名

义》和其他电视剧。作为现象级、爆款、网红及老、中、青三代通吃的电视剧，《人民的名义》以 983 分的高分高居榜首，并在传播、社交、收视 3 类指数上也均遥遥领先。居于第二位和第三位的分别是文章执导的谍战剧《剃刀边缘》及由网络小说打造的 IP 剧《择天记》，二者分别在收视和社交上表现突出。其后的电视剧 CB 指数则均在 100～400 的得分区间内，排在末尾的一些电视剧基本上是由各大视频平台打造的网剧。

从剧的类型上来看，古装、玄幻剧仍然是受观众和行业追捧的电视剧，《择天记》在强大的 IP 及当红小生鹿晗引流后，一开播便引起了广泛的关注。《大唐荣耀 2》接下《大唐荣耀》的接力棒，在榜中排名第七。同时受到关注的还有都市职业剧：《人民的名义》立足司法系统，一系列老戏骨搭架；《外科风云》从医生出发，老干部靳东撑底。两部剧受欢迎的程度都能反映出职业剧已经成为时下热门。

从具体的各项指数来看，在传播指数上排名较前的是《人民的名义》(865)《择天记》(192)《外科风云》(125)，这几部剧无论是在搜索上还是在新闻报道上都具有很高的热度，其他剧的得分则均在 100 分以下，表现平平。

在社交指数上排名较前的是《择天记》(501)、《人民的名义》(444)、《鸡毛飞上天》(358)，同时，也有几部网剧在社交指数上的得分也不错，如《狐狸的夏天》(310)，无论是微博、微信，还是豆瓣等社交媒体上，由当红小生主演的电视剧总能在社交媒体上引起广泛的热议。

在收视指数上排名较前的是《人民的名义》(1408)、《剃刀边缘》(695)《漂洋过海来看你》(546)，这几部剧不仅在收视率上拔得头筹，在视频网站的点击率上也均有不俗的表现。

（三）评估在长时间段内的经典内容价值

由于内容银行内容评估体系所抓取到的数据是不断沉淀的，因此，衡量在相对长时间内的内容的经典性同样也具有充分的数据条件。在这一部分，也是结合不同来源的数据特征，综合文本分析的结果进行算法设计。并且，考虑到内容的经典性评估需要一定的评价门槛，在这一部分中我们对数据来源进行了更深一层的筛选，以确保数据的权威性、可靠性。

1. 全媒体收视模块

在全媒体收视部分，包括视频网站点击量、数字电视点播量、直播收视率等数据。基于前一种场景下计算全媒体收视指数的思想，对 3 种数据进行折算并加总。

（1）视频网站点击量

不同于衡量短时间内的热度时选取一天内的播放增长情况，这时主要考虑的是将所有内容以统一的标准指数化后，衡量其长期的表现。

因此，我们采取了单网站集均播放量这一数据作为主要指标。

$$\text{Score} = \frac{\sum_{i=1}^{n} vv_i}{500\,000nx}$$

在该公式中：

- vv 是指某内容在某一视频网站上的总播放量。
- n 指该内容共在多少个视频网站上进行播出。
- x 指该内容的集数。
- 500 000 为将该指数折算成合理区间所选择的除数。

计算出的单网站集均播放量，由于对所有内容具有统一标准，因此可比性较强。即使是一个新内容，但考虑的是集均播放量，因此，诸如《奇葩说》《太子妃升职记》等这样内容的数据表现也不会比《快乐大本营》这种已经播出 10 年的内容数据表现差，反而会呈现出更强的态势。

（2）数字电视点播量

类似的，采取单运营平台集均播放量这一数据作为主要指标。

$$\text{Score} = \frac{\sum_{i=1}^{n} vv_i}{8\,000nx}$$

在该公式中：

- vv 是指某内容在某一数字电视平台上的总播放量。
- n 指该内容共在多少个数字电视平台上进行播出。
- x 指该内容的集数。
- 8 000 为将该指数折算成合理区间所选择的除数。

（3）直播收视率数据

将收视率数据换算为指数的公式为：

$$\text{Score} = 20\,000 \times \text{平均收视率}$$

基于本部分的换算思想，通过这一运算，将收视率数据转换为与视频网站、数字电视同样区间内的数值。

使用平均收视率，是为了对各期收视率求得算术平均值。仍然采用 2 000

作为乘数，以将数据折算至合理区间。

（4）计算完成 3 个分指数后，需要计算全媒体收视指数

使用下述公式进行计算：

$$Score = \sum P_i X_i$$

- 该公式为对直播收视率、数字电视点播量和视频网站点击数据进行加总。其中 P_i 指权重赋值，X_i 指不同模块各自的分值。
- 对于全媒体社交舆情指数，由于当前直播电视仍然是最大的收视平台，设定权重为 50%；视频网站权重为 35%；而数字电视点播、回看功能相对用户较少，权重设定为 15%。
- 未来根据各个播出平台用户情况的变化，这一权重分布可以随时进行调整。

2. 全媒体社交舆情模块

（1）对单个平台的指数进行计算

舆情监测模块包括微博、豆瓣、百度贴吧数据等，在这部分数据中，希望能够发现意见领袖对于内容的评价情况。同时，考虑到某些已经播出较长时间的长青节目可能存在评论量过大，从而导致新内容无法被发现的问题，借鉴贝叶斯平均的算法思想，为新内容人为加权。

微博是更为大众的平台，发表内容的门槛低，活跃度更高。而豆瓣发表影评的门槛高，相对用户数少。因此，如上面计算短期内容热度相同，豆瓣和微博是分开计算，但基于统一的原始计算公式：

$$Score = Z \times \frac{R_n + C_m}{n + m}$$

- 考虑到评价的权威性，在这里并不会选取爬虫和 API 接入的所有数据，而是首先对数据源进行一层过滤。在微博上，选择粉丝在 500 人以上的微博达人用户的原创微博（考虑到每个人可以反复发表对同一内容的微博，在这里对微博进行过滤，同账号所发出的微博只随机选择一条）；在豆瓣上，选择粉丝在 100 人以上的用户评论（均可通过相关 API 实施）；百度贴吧在本部分不予计算，因为其内容水分较多。
- 对于该公式中的参数进行解释：

R = 普通的方法计算出的平均分，R 的计算公式为：

$$R = \frac{\sum_{i=1}^{n} [(a_i - 0.5) \times 10 \times 影响因子]}{n}$$

a_i 是指对应文本的情感倾向性评价结果。考虑到情感倾向性的结果为 $(0,1)$ 区间内的取值,若 $a_i > 0.5$ 则为正向,反之则为负向;若 $a_i = 0.5$ 则为中性。$(a_i - 0.5) \times 10$ 后,正面文本的影响因子会被以 $[0,5]$ 的倍数放大,而负面文本的影响因子则被 $(-5,0)$ 的倍数放大。在这里,我们的目的是筛选经典内容,因此,与上面的计算热度采取不同的方式,从而提高美誉度的影响。

影响因子,是指文本的扩散程度。对于微博文本,该因子是指微博的转发量和评论量的加总;对豆瓣短评,该因子是指短评的"有用数";对豆瓣长评,该因子是指长评的"10 * 回复数 + 有用数"。

$n =$ 投票人数,在这里对参与评论的账号进行了控制,也即上文中提到的经过筛选后的达人及优质用户。

$m =$ 进入排行榜所需的最少评论数,对微博和豆瓣所需要的 m 值不同。由于微博的评论量较大,参与评论人数多,微博的 m 取值为 300 000;而豆瓣的 m 取值为 10 000。

$C =$ 当前所有内容的平均得分,对于微博和豆瓣,所得出的 C 值也不同。微博的 C 值为 12.6,豆瓣的 C 值为 18.7。

Z 为将该指数折算至区间内所使用的乘数,对微博,该值为 40,对豆瓣,该值为 30。

(2) 对全媒体社交舆情指数进行计算

$$Score = \sum P_i X_i$$

- 该公式为对微博、豆瓣按照权重进行加总。其中 P_i 指权重赋值,X_i 指不同模块各自的分值。
- 由于微博用户数量最多,且相对分布更加均衡,因此权重为 60%;豆瓣用户数较少,但活跃度较高,且影评质量高,因而设置权重为 40%。

3. 全媒体传播力模块

(1) 分别计算 WEB 网站报道及微信公众号报道数据

全媒体传播力模块包括 WEB 网站报道、微信公众账号新闻,在这部分数据中,希望能够综合评判媒体对于内容的报道情况。同时,考虑到某些已经播出较长时间的长青节目可能存在报道量,从而导致新内容无法被发现的问题,借鉴贝叶斯平均的算法思想,为新内容人为加权。

WEB 网站报道与微信公众号不同的地方是微信公众账号有阅读量数据，而 WEB 网站没有。但如前文所述，我们对 WEB 网站按照网站本身的权威性进行了赋值。WEB 网站报道和微信公众账号报道是分开计算的，但都基于统一的原始计算公式：

$$Score = Z \times \frac{R_n + C_m}{n + m}$$

对于该公式中的参数进行解释：

R ＝普通的方法计算出的平均分，R 的计算公式为：

$$R = \frac{\sum\limits_{i=1}^{n} \left[(a_i - 0.5) \times 10 \times 影响因子 \right]}{n}$$

a_i 是指对应文本的情感倾向性评价结果。考虑到情感倾向性的结果为 $(0,1)$ 区间内的取值，若 $a_i > 0.5$ 则为正向，反之则为负向，若 $a_i = 0.5$ 则为中性。$(a_i - 0.5) \times 10$ 后，正面文本的影响因子会被以 $(0,5)$ 的倍数放大，而负面文本的影响因子则被 $(-5,0)$ 的倍数放大。在这里我们的目的是筛选经典内容，因此，与上面的计算热度采取不同的方式，从而提高美誉度的影响。

影响因子是指文本的扩散程度。对于 WEB 网站，该因子是指我们基于网站权威性给出的赋值；对微信公众账号，该因子是指文章的"$\log_{10}$ 阅读量"。

n ＝投票人数，在这里是指报道篇数。

m ＝进入排行榜所需的最少报道数，取 m 值均为 20。

C ＝当前所有内容的平均得分，此处 C 值为 8.7 和 8.4。

Z 为将该指数折算至区间内所使用的乘数，此处设置为 55。

（2）对全媒体传播力指数进行计算

$$Score = \sum P_i X_i$$

- 该公式为对 WEB 报道、微信公众号报道，按照权重进行加总。其中 P_i 指权重赋值，X_i 指不同模块各自的分值。
- 两部分设置同样的权重，均为 50%。

4. 用户调研模块和专家调研模块

在用户调研模块和专家调研模块中，如上文所述，采取问卷的方式进行数据采集。

在问卷调研系统中，设置了独立的用户管理和任务管理模块，能够针对不同的任务设置有针对性的问卷，并从样本库中选择特定属性、类型的大众和专家。大众、专家登录账号后填问答卷,对内容进行打分,两个模块即获得相应的分数反馈。进行运算后,得出这两个模块的指数分值。

5. 5 个模块的权重设置

对这 5 个模块进行综合计算,可以得出在长时间内的内容经典性综合指数,在内容银行内容评估体系中,我们采用的公式为:

$$\text{Score}_{CB} = \sum P_i X_i$$

对该公式进行解释:

(1)该公式为对全媒体收视、全媒体社交舆情、全媒体传播力模块、专家调研模块、用户调研模块的指数结果,各自按照权重进行加总。其中 P_i 指权重赋值,X_i 指不同模块各自的指数分值。

(2)由于收视直接反映了内容在观众中的热度,因此,对全媒体收视指数赋予较高的权重为 30%;舆情是观众的讨论情况,相比于媒体传播力数据而言,更能体现观众对内容的讨论热情,因此,全媒体社交舆情、全媒体传播力各自的权重为 20%、10%。

(四)结合各类数据进行预测

由于内容银行内容评估体系已经建立了完善的、包括各类内容要素(导演、编剧、演员、主持人等)的词典,并且在不间断地进行内容价值的后置评估,并能够形成短期和长期的榜单,这就建立起了内容和要素之间的关联。

同时,内容银行内容评估体系中有单独的分析师和大众评审模块,可以实现特定类型的专家和大众问卷调研,从而获得有针对性的评判结果。

在对内容价值进行预测时,由于已有的客观数据较少,因此,需要强化用户调研模块及分析师模块的权重,强调大众样本库及专家意见的重要性。实际上,这也是美国内容产业运作中所采取的方式:对内容概念进行多个角度的前期测量,以降低后续投资和制作可能出现的风险,实现内容价值最大化。

综合这些要素,对内容价值进行预估就成为了可能。

实际上,在海外,这方面已经有了较为成功的实践。Netflix 应用大数据实现了《纸牌屋》的成功即是范例。

在这一电视剧制作的过程中,Netflix 押注大数据。从这些数据当中,Netflix 能知道哪位导演的作品获得了最高的点击、有多少用户正在观看史派西和芬奇的电影,也知道有的用户喜欢什么样的政治、惊悚片,甚至知道用户在什么情节觉得不够吸引,点击了暂停去了洗手间……如果这样的数据量积累得够大,数据挖掘得够精细的话是非常有意义的,能够有效提高内容成功的概率。于是,最终我们看到了《纸牌屋》的第一季,它由曾摄制《社交网络》的导演大卫·芬奇执导,著名影星凯文·史派西主演。Netflix首席内容官兼副总裁泰德·萨兰多斯也透露,该剧自播出以来,已在Netflix覆盖的所有国家中成为收视率最高的电视剧集,观剧的人数和总观看时长都高居榜首。

之所以如此,在于Netflix建立了一套极致、精细的用于评估的数据库。这个数据库构建的基础,一方面平台能实时地观看数据沉淀,另一方面,是对内容的细分、解构、标签的过程。Netflix内部把这个分类过程称之为"Altgenres",这种解构方法和系统非常精确、繁复。根据《大西洋月刊》的记者粗略统计报道:"Netflix至少把影片分成76 897种'微类型',这打破了原本对于影片类型粗放式的分类方法。"

Netflix能由此分析出最受欢迎的影片类型,以及最受欢迎的演员与导演等。Netflix首先要雇用一群人,让他们阅读一份长达36页的培训文档,训练他们如何对影片的性暗示内容、暴力程度、浪漫桥段,甚至情节等元素作出精确的评级细分。他们捕捉了数万种不同的电影属性,甚至是人物的道德派别。

基于这样的解构和标签,Netflix评估体系中,对影片信息的定义和描述也非常细致,如果用公式来表述的话,"影片定义＝影片地区＋影片主题＋形容词元素＋类型片类型＋演员＋演员特性＋创作来源＋时间＋故事情节＋内容＋得奖状况＋适宜观看的人群＋……"这将是一个能具体到非常细微的指标体系。它的价值在于,Netflix可以根据这些标签和观看数据进行交叉,去用于已有内容的评估、尚未生产的内容决策、内容营销、内容交易等各个环节。[①] "我们要把影片内容给撕裂,通过这些分类标签,Netflix不仅能给我们的订户推荐影片,甚至告诉他们你喜欢的类型究竟是什么。基于Netflix算法,我们甚至提前帮用户预估他们看完影片会给影片打几分。"Netflix副总裁Todd Yellin曾这样公开表示。

而内容银行内容评估体系在历史数据的积累和词典(相当于Netflix的标签体系)之外,又加入了分析师和大众评审主观评估的模块,这更加符合内容制作产业的规律,也更具有科学性。

以去年结束的《我是歌手》第四季为例,在决赛开始之前,笔者对进入决赛的7名歌手的作品和社交热度进行了分析,据此预测最终冠军的获得者。

---

① 冯烨.大数据格局下的视频网站之"变".广告大观(媒介版),2014(8):50～55.

截至 2016 年 4 月 3 日,进入决赛的 7 位歌手共演绎了 62 首歌曲。笔者对这些歌曲在社交媒体、音乐 APP、视频网站上的热度进行了监测,结合评论文本的情感正负向数据进行了综合排名,最终从每位歌手的竞演歌曲中选择前两首,共 14 首歌曲进行排名。

表 3.12 《我是歌手》第四季歌曲内容银行全媒体社交舆情指数

排名	歌手	歌 曲	内容银行全媒体社交舆情指数
1	李玟	《Nobody》	451.3
2	黄致列	《Bang Bang Bang》	365.4
3	徐佳莹	《失落沙洲》	346.9
4	黄致列	《那个人》	336.0
5	张信哲	《平凡之路》	283.2
6	张信哲	《信仰》	281.3
7	徐佳莹	《浪费》	269.8
8	李玟	《爱之初体验》	266.2
9	容祖儿	《想着你的感觉》	193.8
10	容祖儿	《月半小夜曲》	167.7
11	李克勤	《遥远的她》	165.6
12	老狼	《旅途》	154.2
13	李克勤	《天梯》	137.1
14	老狼	《冬季校园》	125.4

从表 3.12 来看,黄致列、徐佳莹、李玟、张信哲的竞演歌曲在社交平台、音乐 APP 上相对热度更高。

在社交网站方面,笔者综合微博、百度贴吧等社交平台,对歌手们的社交媒体热度(包括粉丝量、讨论量、情感倾向等)进行综合评价后,得出第四季 7 位晋级决赛歌者的排名(见表 3.13)。

表 3.13 《我是歌手》第四季歌手全媒体社交舆情指数

排名	歌手名称	全媒体社交舆情指数
1	李玟	902
2	黄致列	792

续表

排名	歌手名称	全媒体社交舆情指数
3	张信哲	710
4	容祖儿	635
5	徐佳莹	59.8
6	李克勤	532
7	老狼	470

最终可以预测夺冠热门人选为李玟。

在 4 月 8 日晚上举行的决赛中,李玟获得冠军。虽然笔者在预测中并不能获得现场观众的数据,但据前 12 场的表现进行排名,仍然可以得到一个相对可能性更大的结果。这也可以部分验证算法的可行性。

第五节　本章小结

实际上,在内容银行内容评估体系中对第二章提出的评估模型进行了落地。

在系统设计之初,基于对数据特征的把握和对需求的理解,选择了非关系型数据库 MongoDB,并根据数据处理的完整流程设计了 5 种数据库。

根据 5 个子模块的构成和当前的数据环境,综合使用了爬虫、API 和问卷调研系统进行数据采集,并对得到的数据进行观察和分析,针对数据噪音大、结构复杂的特点,应用不同的算法进行清洗和整理。

对清洗后的数据,一方面,进行多个维度的文本挖掘,以输出有价值的结果,为内容产业相关的各个环节提供参考,另一方面,进行指数运算,考虑使用指数的不同场景,设计不同的算法。在这两部分,同时回顾和梳理了当前互联网行业使用的主要算法,根据内容银行内容评估体系的需求和数据特点进行了算法的选择和搭配。在整个处理流程中,传媒领域的专业词典作为基本架构发挥着重要的作用。

结　语

本研究的主要结论如下：

1. 视频内容评估产品并不只限定于传统的收视率，由于视频内容的生产需要调动各类因素，各类因素都对视频内容最终的价值产生影响，因此，视频内容评估必须要将各类影响其价值的因素考虑在内，包括导演、编剧、演员（主持人）等。且若将视频内容视为一种商品，其生命周期包含了策划、投资、制作、采购、播出、播后等多个环节，每一环节牵扯不同的产业链条，不同链条又都有评估的需求，因此，视频内容评估又可以再划分为剧本评估、投资评估、播前预测、播中监测、播后评估等多个细分环节。

2. 内容产业发生了深刻变革，需要与此相适配的交易机制，内容评估即为该交易机制的关键所在。当下的内容评估产品已经不能够满足内容产业的需求，必须要重新建构一个基于全媒体大数据的内容评估体系。

3. 视频内容评估产品在中国经历了近 30 年的发展，从根本上讲，是受技术驱动的发展历程。技术造成了内容产业的变化，为内容评估的发展提供了空间，同时塑造了内容评估产品的数据环境，并为其提供了适配的工具。当前，大数据产业已经发展成熟，基于全媒体大数据的内容评估模型可以被提出且落地，同时，由于数据环境发生变化，这一模型也必须尽快提出，并为内容产业所用。

4. 视频内容产品有其特殊性，既具有普通产品凝结了人类一般劳动的经济属性，又具有艺术品等特殊商品的社会效应和精神属性，并且视频内容产品自身具有较强的外部性、无形性，这与普通的物质产品、精神产品具有较大的不同。因此，它的价值评估必然是一个复杂的、组织化的、需要多种角色参与的过程。结合内容产业多个环节的需求，最终搭建了由全媒体收视、全媒体舆情、全媒体传播力、专家调研、大众调研 5 个模块所组成的综合评估体系。

5. 数据环境与此前发生了深刻变化,数据的类型、来源都趋于复杂,因此,选择非关系型数据库作为数据处理的基本技术架构。不同平台的数据开放性、规整性等各有不同,因此要依据数据的特征进行有针对性地清洗和处理。除数值可以通过运算获得指数外,文本数据挖掘同等重要,也能得出有价值的定性结论。在指数运算和文本挖掘过程中,传媒领域的专业词典是不可或缺的重要工具。

6. 基于不同的评估场景,5 个模块可进行组合并调整权重,以适应不同的评估需求。同时,模块内部的组成和权重也可以且必须随着传播环境的变化而变化。

本研究的创新性主要体现在以下两点。

1. 在重新界定视频内容评估内涵的基础上,梳理了其发展历史和驱动力,并结合当前内容产业、大数据产业的发展情况,提出了建构一个基于全媒体大数据的内容评估模型的必要性和可行性。

2. 当前对内容评估的研究多停留在学理层面,未能通过实验对相关研究进行证实,笔者提出了一套内容评估模型,并对其进行了完整的落地和实践,在整个过程中梳理清楚了当前数据的问题和能力所在,并探索出了一套具有科学性、可行性的内容评估体系实施方案:包括应用非结构化数据库、建设传媒领域的专业词典、量化计算和文本数据处理相结合、基于不同场景对评估模块进行灵活组合和调整权重等。

从概念完整提出到本文完成,由于时间仓促,个人的学术经历、实践经历也非常有限,因此在研究中难免存在不足。

就目前来看,继续进行实验,以实现评估体系架构、指标的层次、评估参数设置、权重设置、估算的精度、倾向性的准确度等方面的提高是后续研究还需要进一步努力的方向。有待业界实践、数据科学、系统开发等相关领域的专家进行后续的研究,共同配合去加以解决。

参 考 书 目

1. 刘桦.基于"三维"视角的中国电视节目评估指标体系研究［硕士学位论文］.湖南大学，2010，5.

2. 刘燕南.电视节目评估体系解析——模式、动向与思考.现代传播（中国传媒大学学报），2011(1)：45～49.

3. 郑欣.电视节目评估：从量化分析走向质的研究.南京师大学报（社会科学版），2008(4)：45～51.

4. 张海潮.电视节目整合评估体系.北京：中国传媒大学出版社，2009.

5. 丁俊杰，张树庭，李未柠.视网融合背景下的电视节目影响力评估体系创新初探.现代传播（中国传媒大学学报），2010(11)：99～102.

6. 陆地.电视节目评估体系的创建与创新.南方电视学刊，2013(1)：19～22.

7. 李岭涛，黄宝书.网络影响力：中国电视的新型评价体系.现代传播（中国传媒大学学报），2008(3)：127～130.

8. 张树庭主编.视网融合时代电视节目评估——中国电视网络人气指数体系理论、模型与应用，北京：中国广播电视出版社，2012，20～21.

9. 刘小刚.国外大数据产业的发展及启示.金融经济，2013(9)：224～226.

10. 周云倩.大数据时代的电视变局与因应之道.中国电视，2013(9)：90～93.

11. 仇筠茜，陈昌凤.大数据思维下的新闻业创新——英美新闻业的数据化探索.中国广播电视学刊，2013(7)：12～14.

12. 袁冰.大数据行业应用现状与发展趋势分析.http://www.docin.com/p-1244164116.html.

13. 官建文.大数据时代对于传媒业意味着什么?.新闻战线，2013(2)：18～22.

14. 刘刚.数据挖掘技术与分类算法研究.中国人民解放军信息工程大学.2004(8).

15. 吕成哲，赵晓明，王起伟.浅谈数据挖掘理论.中国西部科技：学术，2007(2)：39～42.

16. Matthew A. Russell. 社交网站的数据挖掘与分析.苏统华，魏通，赵逸雪译.北京：机械工业出版社，2015.

17. 方滨兴.在线社交网络分析.北京：电子工业出版社，2014.

18. 吴信东，库玛尔（VipinKumar）.数据挖掘十大算法.李文波，吴素研译.北京：清华大学出版社，2013.

19. 李巍.半结构化数据挖掘若干问题研究.吉林大学，2013.

20. 徐国虎,孙凌,许芳.基于大数据的线上线下电商用户数据挖掘研究.中南民族大学学报(自然科学版),2013(2):100～105.

21. 廉捷.基于用户特征的社交网络数据挖掘研究.北京交通大学,2014.

22. 李建中,刘显敏.大数据的一个重要方面:数据可用性.计算机研究与发展,2013,50(6):1147～1162.

23. 周艳,吴殿义.媒体大数据运营的四维空间.广告大观(媒介版),2014(8):29～34.

24. 彭兰.媒介融合方向下的四个关键变革.青年记者,2009(2):9.

25. 刘小帅,张世福.3G时代:传媒价值链的重构.网络传播,2009(7).

26. 罗鑫.什么是"全媒体".中国记者,2010(3).

27. 郜书锴.全媒体:概念解析与理论重构.浙江传媒学院学报,2012(4).

28. 姚君喜,刘春娟."全媒体"概念辨析.当代传播,2010(6).

29. 王薇.走近内容银行——内容银行概念及规划.广告大观(媒介版),2012(10):30～33.

30. 黄升民,周艳.内容银行:数字内容产业的核心.北京:清华大学出版社,2013.

31. 龙思薇.内容银行内容价值评估体系的方法研究.北京:中国传媒大学,2014.

32. 周艳,龙思薇.内容银行的核心理念和特点.广告大观(媒介版),2016(2).

33. 龙思薇,周艳.再论内容银行——内容交易模式探析.广告大观(媒介版),2016(2).

34. 陆地.中国电视节目的评估现状分析.新闻爱好者,2013(5):36～39.

35. 冷淞,张丽平.高收视节目背后的悲剧意识——兼谈伦理边界.南方电视学刊,2012(2):63～65.

36. "唯收视率论"人人喊打电视节目该如何评价.中国广播,2012(4):80.

37. 邓爱民,王瑞娟.基于百度指数的旅游目的地关注度研究——以武汉市为例.珞珈管理评论,2014(2).

38. 微博电视指数Beta版上线.广告大观(媒介版),2014(8):13.

39. 罗佳.美国"跨屏收视率测量"实践.西部广播电视,2015(8):15.

40. 唐瑞娟,王薇.海外内容评估实践.广告大观(媒介版),2016(2).

41. 王薇,吴殿义.内容评估"发展观".广告大观(媒介版),2016(2).

42. 东方早报.《甄嬛传》制作方保守估计一集收益400万.http://ent.sina.com.cn/v/m/2012-05-03/10283620927.shtml.

43. 国家广电总局.2015年统计公报(广播影视部分).http://gdtj.chinasarft.gov.cn/.

44. 叶秋知.从平台经济看构建内容交易平台的可行性.今传媒(学术版),2014(8):79～81.

45. 袁少波.西安电视剧版权交易中心服务模式创新研究.西北大学,2013.

46. 王薇.尼尔森网联,带领电视进入大数据时代.广告大观(媒介版),2012(9):48～49.

47. 胡畔,钟央,凌力.一种新的基于Cookie的互联网个性化推荐系统设计.微型电脑应用,2013,29(9),44～47.

48. 胡忠望,刘卫东.Cookie应用与个人信息安全研究.计算机应用与软件,2007,24(3):50～53.

49. IDC.大数据市场强劲增长.通讯世界,2013:(7).

50. 李留宇.中关村启动中国首个大数据交易平台.国际融资,2014(3):80.

51. 走进全球最牛的"读心"创业公司 Affectiva. http://www.lieyunwang.com/archives/76868.

52. 艺恩咨询建立影片投资评估模型.http://finance.ifeng.com/roll/20110508/3995559.shtml.

53. 刘毅.网络舆情研究概论.天津:天津人民出版社,2007,90.

54. 中共中央宣传部舆情信息局.网络舆情信息工作理论和实务.北京:学习出版社,2009,9～12.

55. 谢耘耕.中国社会舆情与危机管理报告.北京:社会科学文献出版社,2012.

56. 人民网舆情监测室.人民网舆情频道案例库[EB/OL]. http://yq.people.com.cn/CaseLib.htm.

57. 柯惠新,黄可.从平面化(2D)到立体化(3D)——对新媒体时代受众测量的思考.覆盖与传播,2013(7).

58. 刘伟涛,顾鸿,李春洪.基于德尔菲法的专家评估方法.计算机工程,2011(S1):189～191.

59. 刘珊.从数据说开去——专访央视-索福瑞媒介研究有限公司(CSM)副总经理郑维东.广告大观(媒介版),2013(9):49～51.

60. 格兰研究.2015上半年中国有线电视行业发展公报.http://data.lmtw.com/hysj/201508/120856.html.

61. 尼尔森网联.互联网电视用户实现100%增长用户黏性明显提升.http://finance.sina.

62. CNNIC.第37次中国互联网络发展状况统计报告.http://www.cnnic.cn/.

63. 全面梳理 SQL 和 NoSQL 数据库的技术差别.http://www.36dsj.com/archives/16986.

64. 百度百科介绍.http://baike.baidu.com.

65. 方传霞.Web 数据挖掘在电子商务中的研究与应用.江苏科技大学,2015.

66. 朱昕.分布式非结构化文本数据安全分析系统研究与设计.国防科学技术大学,2010.

67. 王雄.TF-IDF 与余弦相似性的应用(一):自动提取关键词.http://blog.sina.com.

68. 徐冰,赵铁军,王山雨,郑德权.基于浅层句法特征的评价对象抽取研究.自动化学报,2011,37(10):1241～1247.

69. 张晓诺.利用大数据技术在电子商务中对客户忠诚度分析.中国科技信息,2015(13):95～96.

70. 莫倩,张渝杰,胡航丽,张华平.一种混合的股评观点倾向性分析方法.计算机工程与应用,2011,47(19):222～225.

71. 阮一峰.基于用户投票的排名算法.http://www.ruanyifeng.com/blog.

72. 胡慧.IMDb:数据铸就电影专家.广告大观(媒介版),2014(8):65～68.

73. 冯烨.大数据格局下的视频网站之"变".广告大观(媒介版),2014(8):50～55.